남자아이의 학습 능력을
길러주는 방법

남자아이의 학습 능력을
길러주는 방법

토미나가 유스케 지음 | 윤경희 옮김

북스in투스

어떤 아이라도 반드시 학습 능력을 키울 수 있다

나는 도쿄 기치조지(吉祥寺)에 본부를 둔 입시지도 '진학학원 (VAMOS)'에서 아이들을 직접 지도하고 있다. 우리 학원은 명문 학교 합격률이 높을 뿐만 아니라 학생들이 사회 진출 후에도 주도적으로 살아가도록 하는 교육에도 힘쓰고 있다. 우리 학원에는 유치원 아동부터 대입 재수생까지 재원 중이며 초등학생 남자아이의 경우, 매년 가이세이 (開成), 아자부(麻布), 츠쿠바대학 부속 고마바(筑波大学附屬駒場)와 같이 어렵기로 유명한 수도권 사립 중학교에 많은 합격자를 내고 있다. 그 합격률은 수도권 톱 클래스다.

현재 기치조지 외에도 요쓰야(四谷), 하마다야마(浜田山) 등으로 규모를 넓히고 있지만 아동과 학생을 다 합해도 약 150명인 여전히 작은 보습학원에 불과하다. 많은 사람이 소자본인 우리 학원이 이처럼 우수한 성적을 거두는 비결을 맨 처음부터 철저한 선발 과정을 거친 우수한 아이들을 등록시키기 때문이라고 말한다. 하지만 소문과 달리 입학 선발 시험은 전혀 치르지 않고 선착순 접수를 받고 있다. 우리 아이는 우수하기는커녕 더 이상 어떻게 해볼 방도가 없다고 고민해 아침 일찍부터 상담받으러 오는 부모님도 많을 정도다.

선발 시험을 치르지 않고 등록시키는 것은 아이의 능력은 단 한 번의 레벨 테스트로 측정할 수 없다는 지론 때문이다. 특히 중학교 입학 시험 목적으로 등록하는 대부분은 초등 4학년 미만인데 그렇게 어린 아이가 단 한 번의 테스트로 자신이 가진 능력을 모두 발휘할 수는 없다고 생각한다.

압도적인 학습 능력 향상을 이끌어 내는 논리적 학습법

나는 어떤 아이든 반드시 성장한다고 확신한다. 성장률로는 어떤 학원에도 지지 않을 자신이 있다. 단순히 실적을 말하는 게 아니라 결과가 확실한 학습법을 적용한다는 뜻이다. 본문에서 구체적으로 설명하겠지만 학습 능력을 키우는 학습법에는 명확한 논리성이 있다고 생각한다. 많은 사람이 학습 능력을 센스나 재능의 산물로 여기는데 실제로 센스가 필요한 것은 극소수 천재들끼리 경쟁할 때뿐이다.

평범한 아이들은 애당초 센스가 필요없으며 노력은 중요하지만 아무리 긴 시간 동안 공부해도 제대로 노력하지 않으면 원하는 결과가 오지 않는다는 사실은 사회인이 되어 일할 때도 느낄 수 있다. 이 책에서는 학습 능력을 키워주는 메커니즘과 공부할 때 이해하는 원리를 가시화하면서 어떤 아이든 학습 능력을 키우는 개념과 방법을 소개한다.

- 자녀가 공부는 하는데 도무지 성적이 오르지 않아 걱정인 부모님
- 자녀가 중학교 입학시험을 염두에 두고 있는데 더 효과적인 공부법을 알고 싶은 부모님
- 자녀 스스로 자기주도학습을 하길 바라는 부모님
- 자유방임주의로 자녀를 키웠더니 전혀 공부하지 않아 고민 중인 부모님
- 자녀 공부에 대한 부부간 의견차가 심한 부모님

이 책은 이런 부모님들에게 꼭 맞는 내용으로 채워져 있다. 자녀의 학습 능력을 키우기 위해 문제를 푸는 마법과 같은 노하우나 뛰어난 센스 사고법을 많은 부모님들이 기대할지도 모르지만 이 세상에 그런 것은 없다. 학습 능력 성장 과정을 분석해보면 기초가 되는 지식의 점들을 늘리고 이 점들을 효과적으로 연결해 선을 만들어나간다. 즉, '연결하다'는 '이해하다'라는 뜻이다. 수학에는 문제를 푸는 데 토대가 되는

구구단이 있는데 실제로 다른 과목들에도 구구단과 같은 기초들이 있다. 학습 능력이 성장하는 구조란 반복 연습해 기초를 세우고 기초들끼리 제대로 연결하는 작업이라는 사실에서 보면 센스가 아닌 논리다.

내 아이의 레벨에 맞춘 철저한 단계 학습

우리 학원에서는 논리적이고 결과가 확실한 학습법을 도입하는 한편, 아이들 각자의 개성에 맞추어 다양하고 유연하게 대응한다. 구체적으로 우선 철저한 단계 학습을 실시한다. 본문에서 자세히 설명하겠지만 원래 학습은 스포츠와 마찬가지로 축적된 연습이 필요하다. A · B · C · D · E처럼 점점 어려워지는 내용을 공부한다고 가정하면 B를 이해하지 않은 채 C 이후를 이해할 수는 없다. 필요하다면 첫 단계인 A로 돌아가 다시 배우는 방법이 결국 전부를 이해할 수 있는 열쇠다.

그런데 '다른 아이들보다 뒤처지면 안 돼.', '조금이라도 높은 단계로 올라가야 해.'라며 단계를 뛰어넘으려는 부모님들이 많다. 나는 절대로 단계 뛰어넘기를 용납하지 않는다. 그 아이의 현재 이해 지점을 발견해 단계를 확실히 밟아나가도록 만든다. 두루뭉술 대충 넘어가지 않고 논리적인 방법을 사용한다.

남녀의 서로 다른 뇌 발달 수준에 맞추어 효과를 높인 학습법

이 책의 제목처럼 나는 성별 차이에 초점을 맞추어 아이들을 성장시킨다. 요즘 같은 젠더 프리 시대에 성별에 차이를 둔다면 '혹시 성차별주의자 아냐?'라는 경계의 대상이 될지도 모르지만 절대로 그렇지 않다. 나는 남자아이든 여자아이든 각자 자신의 가능성을 최대한 살려 자유롭고 왕성하게 사고하는 사람이 되길 희망한다. 그리고 그렇게 만들기 위해서는 지금까지의 경험들을 토대로 생각해보면 성별 차이에 주안점을 두고 학습법을 달리 적용해 큰 효과를 낸다는 사실을 알았다.

물론 경험론만으로 이런 판단을 내리는 것은 아니다. 뇌과학 분야의 전문적 연구를 통해 여자아이는 어릴 때부터 우뇌와 좌뇌가 균형적으로 성장하지만 남자아이는 우뇌부터 먼저 발달하고 좌뇌는 뒤늦게 발달한다는 사실이 밝혀졌다. 언어능력을 담당하는 좌뇌의 발달이 더딘 남자아이가 국어 장문 독해를 매우 힘들어하는 것은 어쩌면 당연하다. 성인이 되면 남성이든 여성이든 자신의 취약 부분을 보완할 수 있겠지만 한창 뇌가 성장 중인 아이들에게 미치는 영향은 크다.

이런 점을 무시하고 같은 방법으로 가르치려고 달려들면 아이들에게 지나친 부담을 줄 뿐만 아니라 학습효과도 반감된다. 물론 뇌과학적으로나 성격상으로나 여자 같은 남자아이도 있고 남자 같은 여자아이도 있다. 실제로 성인이 된 후에도 남성의 약 15%가 여성의 뇌를 갖고 있으며 여성의 약 10%가 남성의 뇌를 갖고 있다고 하니 아이들도 분명히 성인과 같은 경향을 보일 것이다.

그러므로 남자아이의 부모님도 이 책과 함께《여자아이의 학습 능력을 길러주는 방법》을 읽어보시길 권한다. 또한 여자아이의 부모님도 이 책을 읽어보시길 바란다. 결국 내가 이 두 권의 책을 통해 말하고자 하는 요점은 아이의 기질에 맞춘 학습을 선택해야 한다는 것이다.

사회 진출 후에도 스스로 인생을 개척하는 힘을 길러준다

어릴 때 나는 약 10년 동안 아버지 직장 때문에 스페인 마드리드에서 생활했다. 스페인 사람들의 생활은 그야말로 축구를 중심으로 돌아간다고 해도 과언이 아니다. 우리 집 옆에도 축구장이 있어서 나도 축구에 흠뻑 빠진 채 어린 시절을 보냈다. 그 결과, 현재 학습학원을 경영하면서 일본축구협회 등록중개인 자격으로 J리그 선수 육성·관리도 하고 있다. 이런 내가 중학생 때 귀국해 맨 처음 느낀 점은 일본의 교육이 매우 뛰어났다는 점이다. 아이들도 예의 바르고 대부분의 일본인이 읽고 쓰기를 할 수 있지만 스페인에서 이것은 당연한 일이 아니었다. 다만 일본인들이 자주 자신을 비하하거나 스스로 판단하지 못하거나 주체적으로 생각하려고 하지 않는 점은 안타깝다.

지난 십수 년 동안 일본은 유아교육의 중요성에 눈떠 많은 아이들이 어릴 때부터 보습학원에 다녔지만 대부분의 학원이 시험 합격 테크닉만 전수할 뿐 사회 진출 후 통용되는 능력은 가르쳐주려고 하지 않는 다. 예를 들어, 공통 커리큘럼이 정해지면 그 과정을 아이들이 필사적 으로 따라올 것을 요구한다. 하지만 모든 아이에게 꼭 맞는 커리큘럼이 아니므로 당연히 뒤처지는 아이가 생긴다.

공통 커리큘럼은 학원에서 준비한 포맷이므로 아이들에게 로봇처 럼 포맷대로 행동하라고 요구하지만 이래서는 단순히 시험에만 강하고 아무 능력도 없는, 시험만 잘 치르는 학생이 될 뿐이다. 대부분의 부모 는 자녀가 스스로 생각하고 자신의 인생을 개척해 나가는 사람으로 성 장하길 기도한다. 지시가 내려지길 기다리지 않고 주체적으로 생각하 고 행동할 수 있는 사람으로 성장하길 바란다.

나의 학습법은 아이의 레벨에 맞추어 커리큘럼을 짜고 암기법도 스스로 선택하며 20% 자습시간에 무엇을 할 것인지 직접 결정하게 하 는 등 공부하면서 자주성, 사고력, 결단력을 기를 수 있도록 항상 의식 하게 하는 것이다. 프로축구 선수 육성법은 기본적으로 학원 수험생 육성법과 똑같으므로 스포츠와 공부는 공통점이 많다. 트레이닝 메뉴 를 결정하고 기술을 습득하며 경기 중 움직임을 이해하는 작업은 공부 할 때 문제를 파악하고 풀어가는 과정을 이해하는 메커니즘과 똑같다. 한 가지 패턴 암기학습만으로는 복잡한 국면에 대응할 수 없으며 복잡 한 경기 운영을 이해하고 실천하려면 정확한 킥과 트랩이라는 기초력 이 필요하다. 이 기초 능력을 유기적으로 연결하는 요령이 있다. 그 덕 분에 학원뿐만 아니라 축구선수들에게도 평판이 높아 많은 부모님들의 의뢰를 받고 있기도 하다.

머리의 좋고 나쁨에 좌우되지 않는, 평생 내 것이 되는 학습 습관

우리 학원에서는 아이 한 명 한 명을 그들의 가족과 함께 키워나간다. 이 과정에서 나는 아이들을 따끔하게 혼낸다. 입학하기 어려운 사립 중학교 합격 스킬을 알려주는 것이 학습의 종착역이라고 생각하지 않기 때문이다. 가장 중요한 것은 불가능했던 것이 자신의 연구와 노력으로 가능해졌다는 경험이다. 그 과정을 통해 쌓인 총체적 경험이 남자아이, 여자아이의 살아가는 힘이 될 것이다. 여기에 남자아이, 여자아이 구분이 있을 수 없다. 우리 학원에는 무사히 중학교 입시를 끝내고 학원을 졸업했지만 다시 되돌아오는 아이들도 많다. 이것을 지켜보면서 나는 우리 학원이 단순히 학습 테크닉을 배우는 장소일뿐만 아니라 인간으로서 성장할 수 있는 장이 되었다고 자부한다. 또한 아이들의 몸에 학습 습관이 배는 것이 무엇보다 기쁘다.

학습 습관은, 평생의 힘이다. 유·소년기부터 공부습관이 몸에 배면 대입 수험생활이나 사회 초년생이 되어 회사 업무를 배울 때도 힘들지 않다. 인생 100세 시대인 지금, 퇴직 후 다른 직업을 모색할 때 좀 더 유연하게 전환하게 해주는 힘이 바로 학습 습관이다. 학습 습관은 절대로 하루아침에 이루어지지 않는 만큼 앞으로 인생에서 얻을 수 있는 최대 자산이다. 스스로 배우고 성장하는 습관은 선천적으로 좋은 머리를 타고났는지 여부에 좌우되지 않으므로 사회에서 당당히 살아가게 해주는 힘이 될 것이다.

남자아이의 학습 능력을 길러주기 위해 부모가 할 수 있는 모든 것

제1장에서는 남자아이의 본능적인 7가지 특징, 제2장에서는 이 특징을 활용해 학습 능력을 키우는 5가지 절대 법칙에 대해 해설한다. 제3장에서는 사고력을 키우는 13가지 방법, 제4장에서는 남자아이들이 특히 취약한 목표·계획을 세우는 테크닉을 소개한다. 제5장에서는 구체적으로 국어·수학·과학·사회 성적을 효과적으로 올리는 필수 4과목 공부법을 자세히 살펴보고 제6장에서는 남자아이가 주체적으로 학습하기 위한 습관 만들기, 맨 마지막 7장에서는 아이의 성적을 올려주는 부모의 습관 기술을 정리했다. 이 책은 어디까지나 학습 능력을 높이기 위한 입문서이지만 그러기 위해 부모가 할 수 있는 모든 것을 한 권에 담았다. 부디 실천해볼 수 있는 부분부터 도전해주길 바란다.

아이들에게는 부모가 생각하는 것 이상의 잠재력이 있다. 아직 좌뇌가 발달하지 못한 남자아이는 어휘가 불충분해 부모 입장에서는 매우 부족하게 느껴지지만 이 아이들은 어느 순간 아주 작은 계기를 통해 크게 변모할 것이다. 바로 이 점이 남자아이의 매력 포인트다. 이 책이 그 능력을 끌어내는 데 일조할 수 있다면 저자로서 더 큰 기쁨은 없을 것이다.

〈 제2장 〉
남자아이의 학습 능력을 길러주는 5가지 절대 원칙

〈 제3장 〉
평생 도움이 되는 생각의 힘을 기르는 13가지 방법

〈제7장〉
성적이 오르는 남자아이 부모의 26가지 습관

[배움을 좋아하게 만드는 습관]

[꾸중 · 칭찬 습관]

You can do it

남자아이의 학습 능력을
높이는 방법은 반드시 있다

남자아이를 키우는 것은 손이 많이 간다. 모든 부모는 자녀가 괜찮은지 당혹스러울 때도 있지만 아이가 가만있지 못하고 집중력이 없어도 괜찮다. 연마만 하면 아이는 모두 반짝반짝 빛날 원석이다. 선천적 능력에 좌우되지 않고 매 순간 기분이나 본성에도 기대지 않는, 남자아이의 뇌 발달에 맞추어진 학습 능력을 키우는 요령이 있기 때문이다.

어떤 남자아이라도 성장할 수 있는
논리적 학습법

학원 입학 테스트를 실시하지 않는 우리 학원에는 대형 학원에서 떨어져 나온 아이들도 온다. 그들 중에는 남자아이들이 많아 부모들은 어떡해야 할지 모르겠다며 머리를 감싸지만 나는 이런 아이들도 확실히 성장시킬 자신이 있다. 입학 테스트는 하지 않는 대신 나는 학부모 면담을 매우 중시하면서 자녀에 대한 부모의 평가만큼 불확실한 것은 없음을 매번 절감한다.

출생률이 떨어지는 최근 가구당 자녀 수는 대부분 1~2명이고 많아봤자 3명 정도다. 이런 상황이니 부모는 자녀의 비교 대상이 거의 없는 상황에서 종적 평가를 해버린다. 종적 평가란 부모 자신의 경험을 끄집어내 자녀의 역량을 판단하는 것이다. 특히 남자아이라면 아빠는

"내가 너만 할 때 이 정도는 간단히 해치웠어."라고 말할 때가 있다. 하지만 대부분 과거의 자신을 미화하기 마련이므로 아빠도 현재의 아이와 별로 다르지 않았을 것이다.

한편, 엄마는 자신의 어린 시절과 완전히 다른 남자아이에게 휘둘려 진이 다 빠진다. 그렇다. 어느 집이든 남자아이들은 '우리 ○○이 정말 어쩌면 좋아?'라는 곤혹스러운 존재일 것이다. 하지만 나는 많은 남자아이, 여자아이들을 지켜봐왔기 때문에 선입견 없는 횡적 평가가 가능하다. 단언컨대 초등학생 남자아이는 고학년이 되어도 모두 비슷한 존재다. 가만있지 못하고 공부에 집중하지 못하는 것이 예사다. 그럼에도 불구하고 논리적 학습법만 익히면 어떤 아이라도 제대로 성장하고 어엿한 결과를 내줄 것이니 걱정하지 않아도 된다.

공부는
이해의 과정이다

　연마만 하면 남자아이, 여자아이 모두 빛날 원석이다. 지금까지 진흙투성이었던 원석을 많이 맡아왔고 끝없는 연마를 거듭한 끝에 보석이 아닌 평범한 돌인 경우는 1%도 안 되었다. 연마의 보람이 없는 아이는 없으므로 우리 학원은 입학 테스트가 불필요하다. 입학 테스트를 하면 이미 연마된 돌만 고르고 가능성을 내포한 진흙투성이 아이를 배제하게 된다. 그보다 접수 순서로 아이들을 받아 최대한 그 아이만 빛나도록 가족과 함께 똘똘 뭉쳐 지도해 나가는 것이 훨씬 즐겁다.

　원석을 빛내기 위해 부모는 무엇을 해야 할까? 답은 간단하다. 진흙을 씻어 닦아내고 오직 연마하는 것이고 이 방법은 우리 학원의 '단계 학습'과 일치한다. 공부는 이해 과정을 밟아나가는 작업이다. 이 방법을 논리적으로 진행해 나가면 어떤 아이든 결과를 낼 수 있다. 이것 외에 다른 방법은 없다고 나는 생각한다.

그런데 많은 부모들은 "인공지능 시대에 단계라니 답답한 소리다", "더 극적으로 변하는 것은 없는가?"라며 마법적인 방법을 요구하거나 기합을 넣어 바짝 정신 차리게 하거나 아이를 정신력으로 움직이려고 한다. 모두 비효율적이다. 아이의 능력을 운운하기 전에 부모부터 이성적이어야 하지 않을까?

영미권에서 먼저 시작한
남녀 커리큘럼

남성과 여성은 뇌 구조가 다르다. 다르다는 것일 뿐 선악을 나눌 수는 없다. 숫자를 배울 때 여성이 '1, 2, 3…' 소리내 읽는 것은 뇌 구조 때문이다. 남성은 공간 인식능력을 담당하는 우뇌를 사용해 수를 세지만 여성은 우뇌뿐만 아니라 언어능력을 담당하는 좌뇌도 사용하므로 언어로 표현하는 것이다.

여성이 화려한 색상을 좋아하는 반면, 남성이 모노톤 색상을 좋아하는 것도 뇌 차이 때문이다. 색을 선별하는 망막 추상체 세포의 근본은 X염색체다. 남성의 X염색체는 1개뿐이지만 2개인 여성은 색상을 상세히 인식하고 묘사할 수 있다. 따라서 어린 여자아이가 문구류를 고를 때 누가 가르쳐주지 않아도 색이 다양하고 귀여운 디자인을 좋아하는 현상은 어쩌면 당연하다.

그런데 초등학생 여자아이가 성인 여성에 가까운 뇌를 가진 반면, 남자아이의 뇌는 아직 발달하는 중이다. 남자아이의 우뇌는 서서히 발달하는데 언어능력을 담당하는 좌뇌는 별로 발달하지 않으므로 남자아이의 어휘가 부족해 더 어린 상태에 머물러 있는 것이다. 이런 남자아이들이 스스로 난관을 이겨내게 하려면 그들의 뇌 특성을 고려한 학습이 필요하다.

실제로 서양에서는 남녀의 능력을 더 성장시키기 위해 남녀 학급의 학습 방식을 달리 해 큰 효과를 올린 학교도 있다. 영국 모 고등학교에서 뇌의 특성에 따라 교육시켰더니 남학생의 국어 성적이 4배나 오르고 여학생의 수학 성적이 2배나 올랐다고 한다. 이처럼 성별 차이를 고려한 교육은 개인의 약점 극복에도 기여하고 있다.

인생 처음 마주하는 10살의 벽
: 학습 능력의 차가 생기는 최초의 분기점

　남자아이는 초등학교 고학년이 되어도 변함없이 어린 상태 그대로지만 이 시기는 학습 능력을 키우는 데 매우 중요한 시기다. 초4 쇼크, 10세의 벽을 들어본 적 있을 것이다. 이 시기부터 아이마다 학습 능력 차가 커지기 시작한다는 뜻이다. 그렇게 되는 가장 큰 이유는 사립 중학교 입시라고 생각한다. 사립 중학교 입시공부는 단지 아는 데 머물지 않고 그 지식으로부터 뻗어 나가 깊이 파고드는 작업이 동반되어야 하고 사립중학 입시가 목표라면 초등학생도 그 작업을 반복해야 한다.

　공립 초등학교에서는 지식수준이 다양한 아동들을 상대로 교육하면서 누구도 뒤처지지 않게 가르쳐야 한다. 중학교 입시를 목표로 하는 아이들과 학교 수업을 중심으로 배우는 아이들 사이에서는 당연히 학력차가 크게 벌어질 수밖에 없다. 하지만 사실 중학교 입시를 치르냐 아니냐는 중요한 문제가 아니다. 공립 초등학교의 수업 내용에 머물게 할 것인지 아니면 왕성한 성장기에 적절한 단계 학습을 겸해 학습 능력을 비약적으로 도약시킬 것인지를 생각해야 한다. 어느 쪽이든 여러분의 자녀에게 지금은 매우 중요한 시기임에 틀림없다.

아무리 해도 안 된다면 기초로 돌아가야 할 때

공부는 이해하기 위해 과정을 밟아나가는 작업이다. 이해하기 위한 과정 밟기에 필요한 요건은 철저한 기초 습득과 단계 학습이다. 예를 들어, 축구시합 도중 자신에게 패스한 공이 오면 오른쪽으로 공격할지 왼쪽으로 뺄지 순간적으로 판단하지 않으면 안 된다. 이때 일종의 응용력이 필요할 수도 있지만 그 전에 자신에게 온 공을 능숙하게 받는 트랩 기술을 쓸 줄 알아야 한다. 그것도 무의식적으로 할 수 있어야 후속 플레이를 생각할 여유도 생긴다.

이 모든 과정은 기초 연습을 착실히 쌓아야만 가능하다. 트랩 기술과 비교했듯이 나는 원래 알지 못하면 아무리 생각해도 풀 수 없는 문제를 푸는 힘을 절대적 기초 학력이라고 부르며 가장 중시한다. 머리를 쓰지 않고 문제를 푸는 힘, 손으로 문제를 푸는 힘으로 바꾸어 말해도 좋다. 가로세로 연산(가로 칸에 10개 숫자를 적고 세로 칸에 10개 숫자를 적은 후 사칙연산 중 하나를 골라 각 대응 숫자를 계산하는 연산 게임)이나 매일 숙제가 주어지는 가정방문 학습지도 절대적 기초 학력을 기를 수 있는 수단 중 하나다. 사립 중학교나 대학 입시를 앞두고 있더라도 현실적 문제로서 절대적 기초 학력은 필수다. 초등학생이라면 덧셈, 뺄셈, 구구단, 영어 읽고 쓰기, 사회 암기 문제 등을 철저히 반복 학습하는 자세가 매우 중요하다. 그런데 이 절대적 기초 학력의 중요성을 너무 당연시해 오히려 간과해버리는 경향이 있다. 중요한 것은 응용력이라거나 사고력이라는 최근 풍조 때문에 과소평가되기도 한다.

부모님과 면담해보면 남자아이니까 응용력을 배우면 좋겠다는 의견을 자주 듣는다. 특히 아빠들로부터 많이 들어 혹시 회사에서도 부하 직원에게 응용력이 가장 중요하다고 말하는 것은 아닌지 생각할 지경이다. 그런데 이 말을 들은 부하 직원은 '도대체 응용력이 뭐길래?'라고 생각할지도 모른다. 도대체 응용력은 무엇일까? 아이들 학습에도 기초를 반복해 생긴 힘이 어디선가 응용력으로 나타나는 경우가 있다.

기초를 반복 학습한 아이들은 0.125가 1/8이고 0.375가 3/8이라는 사실을 감각적으로 알고 있다. 그래서 '0.375라는 소수는 375/1,000이니까'라고 복잡하게 생각하는 것이 아니라 단숨에 3/8이라는 답을 도출한다. 이것도 응용력 중 하나일지 모르겠다.

우리가 영어 독해를 하면서 모르는 단어가 나왔을 때 문맥상 전후 흐름으로 대략적인 내용을 파악할 수 있다. 전후 단어들을 알기 때문에 가능하다. 대부분 모르는 단어라면 이마저 어쩔 도리가 없을 것이다. 우선 얼마나 많은 영어 단어를 알고 있는가에서 성패가 결정되는 것이다. 결국 응용력은 기초 학습 능력의 연장선에 있다고 볼 수 있다. 기초 학습 능력이 있다고 모든 응용문제를 풀 수 있는 것은 아니지만 기초가 없다면 응용문제는 절대로 풀 수 없다. 응용 능력을 원한다면 무엇보다 철저한 기초 학습 능력을 구축해야 하므로 우리 학원에서는 기초 학습 능력 습득에 몇 배나 많은 시간을 할애한다. 이것을 통해 확고한 토대가 만들어지면 어느 순간 돌파력이 생기기 때문이다.

[개념정리 6]

제로 지점을 찾아라

: 남자아이는 올바른 시작점을 찾는 것이 키 포인트

기초 학습 능력을 습득하려면 아이의 현재 위치를 찾아내는 것이 필수다. 이해하지 못하는 부분을 제로 지점으로 정하고 거기부터 기초 학습 능력을 쌓아나가야 하기 때문이다. 특히 초등학교 남자아이는 여자아이와 비교했을 때 개인 간 학력차가 크므로 제로 지점을 어림짐작으로 파악하고 결정해서는 안 된다.

또한 제로 지점은 과목별로 심도 있게 살펴보아야 한다. 원래 남자아이는 좋아하는 것만 하려는 경향이 있으므로 가만 내버려두면 좋아하는 과목은 실력이 쑥쑥 오르지만 좋아하지 않는 과목은 점점 싫어지기 때문이다. '수학의 제로 지점은 여기, 국어의 제로 지점은 여기…'처럼 과목별로 기초 학습 능력을 파악해 빈 곳이 있으면 거기부터 쌓아가야 한다.

남자아이의
공부 철칙

솔직히 남자아이는 완주선 없는 마라톤을 가장 좋아해 목적을 챙기기는커녕 무작정 열심히 하는 경향이 있다. 목적과 수단을 혼동하는 것이다.

"어제 영어 단어를 300개나 적었어."
"와! 그럼 외웠겠네!"
"아니, 그냥 적었어. 글쎄 3시간이나 걸렸어."

이 대화를 보니 옛날 방식으로 일하는 회사원이 떠오르지 않는가? 업무 성과나 효율은 차치하고 단지 오늘 ○시간이나 야근했다며 혼자 뿌듯해하는 모습 말이다. 요즘 아이들은 시간이 절대적으로 부족하므로 학습 능력을 효율적으로 키우려면 정말 필요한 것을 학습해야 하지 않을까?

영어 단어 프린트물 10장이 있다고 가정하자. 10장 모두 완벽히 공부하기는 어렵다. 이때 "지난번에는 5페이지와 7페이지가 특히 잘 안 되었으니 그걸 먼저 집중해 공부하렴."이라고 어른이 안내해주는 것이 바람직하다. 그렇게 하지 않으면 남자아이는 항상 첫 페이지부터 시작해 5페이지에 가기도 전에 주어진 시간이 끝나고 감정적으로도 질려버린다. 학습계획 수립은 필수다. 남자아이의 경우, 주기를 짧게 하고 학업적 제로 지점을 파악하며 1~2주나 2~3일 단위로 짜나가는 것이 효과적이다. 계획 수립법에 대해서는 제4장에서 자세히 설명하므로 일단 여기서는 남자아이의 계획은 주기를 짧게 해야 한다는 것을 기억하자.

실제 학습 능력을 좌우하는 요소
: 학습 능력이 우수한 아이들의 공통점, 가정력

중요한 기초 학습 능력 중에는 공부할 상황 여부도 포함된다. 대형 학원에서 우리 학원으로 옮겨 온 아이들을 보면 학습 능력 자체가 없어서가 아니라 특정 이유로 좌절을 경험했기 때문이었다. 교재 정리법을 모르는 남자아이나 여자아이를 예로 들 수 있겠다. 매번 받는 프린트물을 정리하지 못해 뒤죽박죽된 것을 정리하느라 시간이 걸리니 결과적으로 다른 아이들에게 뒤처지고 만다. 의자에 제대로 앉아 있지 못하거나 연필을 올바로 쥐지 못하는 아이도 있다. 가정교육이 몸에 배어 있지 않아 공부에 집중할 상태가 안 된 것이다.

특히 초등학생 때는 머리의 좋고 나쁨이 아니라 가정생활 방식이 학습 능력에 큰 영향을 미친다. 나는 그것을 가정력이라고 부르며 매우 중시한다. 어느 학원에 가야 할지 고민하는 것보다 가정에서 어떻게 지내야 할지 고민하는 것이 훨씬 더 중요하다. 시험 삼아 아이에게 화장실 청소를 시켜보면 금방 알 수 있다. 그 결과는 현재의 학습 능력과 매우 연관되어 있을 테니 말이다.

· 좌변기 뚜껑의 바깥만 닦고 끝냈는가.
· 좌변기 뚜껑을 열고 안쪽까지 닦았는가.
· 변기 뒤쪽과 변기 주변 바닥까지 깨끗이 마무리했는가.

화장실이라는 좁은 공간에서 남자아이나 여자아이의 눈길이 미치는 범위의 주의집중력이 여실히 드러날 것이다. 이것을 무시하고 시험 점수만 걱정해봤자 소용없다. '남자아이는 때가 되면 죽을 만큼 열심히 한다'라는 것은 생각일 뿐이다. 초등학생 때는 남자아이보다 여자아이의 정신적 성장이 빠르고 그 성숙도 차이도 크다. 수업 도중 화장실에 가는 모습만 봐도 알 수 있다. 여자아이는 1분, 1초가 소중해 총총 잔걸음을 하지만 남자아이는 꾸물댄다. 내가 서두르라고 말해도 실실 웃기만 할 뿐 별 변화가 없다. 이런 현실이니 '남자아이는 때가 되면 죽을 만큼 열심히 한다'라는 생각은 버리길 바란다.

여자아이보다 열심히 할 수 있는 남자아이는 초등학생 때는 거의 없다.

20년 전 남자아이와 현재의 남자아이는 전혀 다르다고 생각해야 한다. 이런 모습은 남자아이들의 책임이 아니라 그렇게 만든 부모와 사회의 책임이다. 대학 입학시험장에 엄마가 아이와 함께 가는 것은 옛날에는 생각조차 할 수 없었다. 그것을 창피하게 여기지 않았던 초식계 남자와 다음 세대인 현재 남자아이들이 과거보다 허약해진 것은 어쩌면 당연하다. 이미 사회가 이렇게 변했는데 여전히 종적 논리로 과거의 자신과 눈앞의 아이를 비교하는 아빠들도 아직 있다. 그런 아빠들은 나를 찾아와서도 "우리 아들이 뭐라 하든 인정사정 보지 말고 강하게 지도해주십시오."라고 부탁한다. 설령 그 말을 곧이곧대로 받아들여 내가 그 아이를 때려도 클레임은 걸지 않을 것이라고 생각할 만큼 진심이다.

하지만 이것은 어디까지나 그 아빠의 입장일 뿐 아이는 그렇지 않다. 아무리 약해졌다지만 남자아이는 여자아이보다 강해진다. 겉모습은 초식계로 보이더라도 저 깊은 곳에서는 여전히 육식계다. 그러니 그 속을 끄집어내는 방식을 요즘 아이들에게 맞추어야 한다. 정신력 운운은 봉인하고 지적으로 극복하게 해주자.

학습 습관은
자산이다

우리 학원 아이들은 중학교 입시가 끝나면 먼저 압박감에서 벗어
나 마음껏 기지개 펴지만 손에서 공부를 완전히 놓는 적이 없다. 대부
분 남자아이들은 오직 게임이다. 또는 야구나 축구처럼 그동안 공부하
느라 참았던 야외활동을 맘껏 즐긴다. 지금까지 공부하는 데 항상 5시
간을 써왔다면 시험 이후에는 3시간 동안 좋아하는 놀이를 하고 2시간
동안 공부를 계속한다. 이 모습에서 공부하는 것이 당연하다는 습관이
아이들에게 배었음을 알 수 있다.

어린아이들에게 사립 중학교 입시를 시키는 데 대해 이 책을 읽는
독자 중에도 찬반이 엇갈리겠지만 이후 삶, 즉 진학한 학교 학생으로 생
활하면서 사회 진출 후에도 공부하는 습관이 얼마나 중요한지에 대해

부정하는 사람은 없을 것이다. 몸에 밴 학습 습관은 평생 자산이다. 공부를 당연시하면 대학 입시든 취업 후 자격시험이든 별로 힘들지 않다. 또한 반복 학습으로 기초를 익히는 것이 얼마나 중요한지 이미 체득했으므로 스포츠의 지루한 훈련이나 회사 생활 도중 거듭되는 인내도 마다하지 않게 된다.

직장인 중에는 배움의 중요성을 심감하는 사람이 많다. 눈앞의 즐거움에 시간을 헛되이 보내지 않고 매일 꾸준히 배워나가는 습관을 몸에 익혔다면 이것이야말로 머리의 좋고 나쁨을 뛰어넘는 진짜 실력이며 결코 하루아침에 완성될 수 없는 일이다. 학습 습관은 앞으로 인생 최고의 자산이 되어 사회를 당당히 개척해나가기 위한 필수 스킬이 될 것이다. 이것이 눈앞의 입시 테크닉에만 의존하느라 정작 중요한 힘을 기르지 못한 무능한 수험 엘리트와 전혀 다른 점이다.

제1장

남자아이를 움직이는
7가지 신기한 특징

남자아이는 정말 복잡한 생명체다. 강한 자존심이 부정당하면 자신감을 잃으면서도 실패한 후 힘들고 괴로운 경험을 해보지 않으면 깨달음조차 없다. 열 몇 살이 되어서도 어린 티가 남아 있지만, 자기 긍정심과 근거 없는 자신감이 붙으면 천하무적이 된다. 이렇듯 남자아이의 특성을 분명히 파악하고 강점으로 전환하면 학습 능력도 쑥쑥 오른다.

부정과 지시,
명령에 약하다

　　남성은 아이든 어른이든 자존심이 강한 존재다. 엄마 입장에서는 왜 그런 것에 집착하는지 도무지 이해가 안 된다며 절레절레 고개 저을지도 모르겠다. 자존심은 자신을 지켜내려는 본능이다. 자신이 가치 있는 인간이라는 인정을 상대방으로부터 받겠다는 표현이다. 어린 남자아이조차 남자니까 제대로 해야 한다는 강한 의무감으로 산다. 그런데도 "너는 왜 그걸 못해? 남자면서!"라는 부정을 당하자마자 열등감을 느낀다.

　　남자아이는 둔감하면서도 상처받기 쉽다. 이런 모습은 강한 수컷이 자손번영의 권리를 가지며 약한 수컷은 소멸한다는 생물학적 진화와 관련 있는 것 같다. 남자아이는 자신이 남들보다 뒤처진다는 인정 자체를 두려워하게 되어 있다. 그래서 자신의 약점을 감추려고 하며 불가능을 정당화하기 위해 변명이 많아지곤 한다. 에둘러 말하더라도 이런 특징을 가진 남자아이를 부정하는 말은 가능하면 하지 말자. 자기 긍정감과 자신감을 없애기 때문이다. 그 대신 장점을 얼마나 인정해줄지 고민하자. 또한 자존감 높은 남자아이에게 이래라 저래라 지시나 명령도 자존심에 상처를 주어 의도와 다르게 반항심으로 변하기도 한다.

특히 아버지는 걸핏하면 직장 상사 모드가 되어 부하 직원 대하듯 자식에게 말하는 것을 볼 수 있다. 물론 아버지 입장에서는 아들이 잘되라고 그렇게 한다. 어차피 사회에 나가 경쟁할 수밖에 없는 남자아이가 강하면 좋기 때문에 '더 열심히 할 수 있잖아! 잘 생각해 봐!'라고 말한다. 아버지로부터 그런 꾸중을 들은 남자아이는 "네, 알겠습니다."라고 대답할 것이고 아버지는 알아들었을 것으로 생각하겠지만 남자아이는 알아들은 것이 아니라 '아버지에게 더 혼나기 전에 끝내자.'라고 생각해 그런 행동을 취했을 뿐이다.

남자아이는 자신의 존재가치를 부정하는 그런 말에 상처받기 매우 쉽고 그런 상대방에게 점점 적대감을 품게 된다. 자존심에 상처주는 말은 삼가자. 초등학생 남자아이는 아직 응석받이지만 순수하고 어린 그 모습이 어느 순간 큰 집중력을 낳고 돌파력으로 증명될 것이다. 그때까지 부모님의 사랑 속에서 맘껏 어리광부리게 해주자.

직접 실패해봐야 깨우친다
: 떠오른 생각대로 시도하고 회복도 빠르다

대부분 여자아이들은 정신적 성장이 빠르다. 상상력과 예측력이 있어 부모님이 지금 어떤 의미로 그렇게 말씀하는지 이해하지만 남자아이는 그렇지 않다. 남자아이는 스스로 실패해보지 않으면 그 방법이 안 되는지조차 알지 못한다. 그러니 남자아이에게는 시행착오를 겪게 해 스스로 깨우치게 해야 한다.

어느 4학년 남학생이 수학 문제를 눈으로 푸는 버릇이 있길래 계산식을 써가며 생각하라고 지도했지만 좀처럼 따르지 않았다. 귀찮아 그랬을 것이다. 그러다 일정 수준이 되자 그때까지 자신이 고수한 방식으로 모두 틀려 매우 당황했다. 결국 역시 손으로 풀어가며 해야 하고 계산식은 정말 중요하다는 사실을 깨달았다고 한다. 그 후 선생님의 말씀이 없어도 계산식을 적어가며 생각하게 되었다.

또 다른 4학년 남학생은 영어 단어 공부가 너무 괴롭지만 안 할 수는 없으니 자신의 힘으로 좋은 방법을 찾아보겠다고 했다. 엄마와 함께 거실에서 하는 방법, 혼자 자기 방에서 하는 방법, 학교에서 휴식 시간에 친구들과 함께 하는 방법 등 몇 가지 아이디어를 생각했다. 나는 엄마와 함께 공부하는 첫 번째 방법이 가장 좋다고 생각했지만 굳이 그것이 좋다고 말하지 않았다. 그 남학생은 학교 휴식 시간에 하는 것이 더 합리적이라며 의사를 자신만만히 피력했지만 사실 노느라 바빴다. 결국 엄마와 함께 하는 것이 좋다는 것을 깨달았다고 한다.

이처럼 떠오른 생각은 뭐든지 해보고 싶은 것이 남자아이므로 부모가 '이렇게 해야 돼.'라고 지도하기보다 아이가 하려는 대로 놔두어 실패를 경험하게 하는 것이 좋다. 남자아이는 실패로부터의 회복 속도도 무척 빨라 오뚝이처럼 부활할 테니 걱정하지 않아도 된다. 같은 맥락에서 사립 중학교 입시공부는 가능하면 하루라도 빨리 시작하는 것이 좋다. 6학년이라면 힘들지만 3~4학년이라면 이런저런 방법을 시도해볼 수 있기 때문이다. 어떤 아이는 저녁 식사 전에 공부하면 집중이 잘 되고 또 어떤 아이는 잠자리에 들기 전 30분이 가장 좋다는 개별적 특성도 시행착오로 찾아낼 수 있다. 최적의 프로세스를 많이 시험해볼 수 있다면 이후 학습은 매우 밀도 있게 진행될 것이다.

어떻게든 내 힘으로
해내고 싶다

성인 남성도 마찬가지지만 특히 초등학교 남자아이는 뭐든지 해
보고 싶어하는 존재다. 그렇다고 '실제로 그렇게 하는 것이 가능할까?'
라거나 '결과가 어떻게 나올까?'라고 생각하는 것은 아니다. 단지 하고
자 할 뿐이다. 그러니 학원에도 가야겠고 게임도 하고 싶고 수영, 야구,
축구도 하고 싶은 것이다. 앞뒤 생각 없이 이것저것 하다 보니 제대로
하는 것도 없고 흐지부지 끝내길 반복한다. 한마디로 남자아이는 정말
일머리가 나쁘다.

이때 부모님은 '우선순위를 생각해 봐.', '잠시 다시 생각해보면 무
엇을 빼야 할지 알 텐데.'라며 회사에서 종종 썼던 말을 하고 싶을 것이
다. 하지만 남자아이에게 방법과 정답은 직접 알려주지 않는 것이 좋
다. 주입된 가르침은 곧 잊어버리므로 어떻게 그런 결과가 되었는지 결

국 모르니 성장으로 연결되지도 않기 때문이다.

　남자아이가 크게 성장할 때는 정말 힘들었지만 자신이 생각한 방법으로 혼자 해냈음을 실감할 때다. 그러니 누가 옆에서 가르쳐주는 것은 싹을 뜯어버리는 것과 같다. 한편, 이것저것 모두 하고 싶으면서도 아무 계획도 없는 남자아이의 행동은 특히 어머니를 힘들게 하지만 아무리 속을 끓여도 아무것도 달라지지 않는다.

　내 아이가 침착하지 않고 깊이 생각해보지도 않으며 이유도 알 수 없는 것을 하고 있다면 일단 그것을 하게 내버려두는 것이다. 못하게 하고 "할 필요 없는 거야."라고 말해도 아이는 받아들이지 않는다. 수긍은커녕 그 일에 대해 '하고 싶어. 가능한 일이야.'라며 잊지 않고 계속 집착한다. 예측력이 부족한 남자아이들은 한 가지 주제만 생각해 가능 여부를 판단하는 것이 어려우므로 시행착오를 겪어가며 스스로 검증할 수밖에 없다. 그러면서 자신의 힘으로 해냈음을 경험시키자.

포상 · 인센티브가 있으면
열심히 할 수 있다

　까다롭고 손이 많이 가는 일을 할 때 '이것만 끝나면 시원한 맥주 한 잔 마실 수 있어.'라며 힘을 내곤 한다. 연일 과도한 업무로 심신이 초췌해지고 피곤하니 빨리 귀가해 잠이나 푹 자고 싶은데 이상하게도 한 잔 마시러 가는 모순된 행동을 한다. 역시 사람은 포상을 매우 좋아한다. 어른도 이런데 어린아이가 포상 하나 없이 열심히 할 수 있을까? 실제로 동기부여를 위한 포상(인센티브)의 유효성이 교육경제학 연구에서 이미 증명되었다.

　여자아이보다 특히 남자아이는 눈앞의 포상을 원한다. 그런데 어른 눈에는 대수롭지 않은 것인 경우가 많다. 여자아이라면 예쁜 필통이나 샤프펜슬 등 누가 보아도 "와! 이거 참 좋네!"라고 여길 만한 것을 바란다. 다만 여자아이는 "친구들처럼 나도 그것을 갖고 싶어."라고 말하는 경우도 많아 그 아이가 정말 갖고 싶은 것이 아닐 때도 있다.

반면, 남자아이는 자기중심적이다. "어, 너 그런 이상한 게 갖고 싶어?"라는 말을 듣는 것이 일상인 것처럼 스티커가 들어간 500원짜리 껌 등 어른 눈에 의아해 보이는 것을 요구한다. 내 아이는 포상으로 무엇을 원하는가, 이 점을 파악하면 쉽게 동기부여할 수 있다. 반대로 남자아이가 이런 순수한 욕구를 보이지 않으면 오히려 큰문제다. "열심히 공부해 이번 시험에서 좋은 점수를 받으면 뭐 하고 싶니?"라고 물었을 때 잠자고 싶다고 대답하는 아이가 종종 있다. 그들에게서 의욕을 불러일으키는 것은 매우 어렵다.

최근 비즈니스 현장에서도 성공은 바라지 않고 적당히 월급만 받으면 된다고 생각하는 젊은이가 늘고 있다. 아직 젊고 건강하기 때문에 할 수 있는 말이다. 어느 정도 열심히 해야 훗날 고생을 덜 하지 않겠는가. 평소 가정에서 남자아이나 여자아이가 열심히 하면 ○○을 가질 수 있다는 생각 습관은 의미가 있고 그때 쓸데없는 것이라고 못 박으면 안 된다.

어쨌든 경쟁을 좋아하고 라이벌 의식이 강하다
: 남자아이의 최대 무기인, 근거 없는 자신감을 키운다

　우리 인간들도 동물이므로 우리만의 집단을 만들려는 본능이 있다. 여성은 애정으로 만들려고 하지만 남성은 타 집단과의 투쟁을 선택하는 경향이 있다. 이 차이는 분비되는 뇌 호르몬에 의해 결정된다. 초등학생조차 남자아이에게는 적을 쓰러뜨리고 싶어하는 욕구가 있다. 게임도 싸움이 있는 것을 좋아하고 만화도 스포츠처럼 겨루는 것을 좋아한다. 그런 것을 접하면서 승자는 바로 자신이라는 이미지를 키워나간다. 애당초 승리한다는 모양새가 대전제인 형국이다. 근거 없는 자신감이 남자아이의 큰 특징이다. 물론 언제까지나 근거 없는 상태가 지속되면 곤란하니 그 부분을 잘 자극해 키워나가야 할 것이다.

　국어시험 성적이 10명 중 7등일 때 남자아이는 하위 그룹이지만 지난번 8등보다 1등이 올랐다면 상승하는 과정이므로 "와! 너 한 명 제쳤네."라고 칭찬해 주어도 좋다.

이때 남자아이가 적을 쓰러뜨리며 나아가는 이미지를 가질 수 있도록 칭찬해주자. 또한 남자아이는 과목별 성적이 들쑥날쑥하기 쉬우므로 경쟁을 좋아하는 특성을 이용해 취약 과목의 성적을 끌어올릴 수 있다. 자신 있는 과학 과목에서 라이벌 아이들을 이기고 상위 그룹에 올라갔다고 인식하게 해주면 자신감을 갖게 되고 곧 다른 과목의 성적도 오르는 경우가 흔하다.

단, 과도하지 않게 주의해야 한다. 지나친 라이벌 의식을 가지면 자신의 기존 페이스가 망가지기 쉽기 때문이다. 어디까지나 남자아이 수준에 맞춘 경쟁의욕을 자극해주자. 한편, 아무리 노력해도 라이벌을 이기기 힘들다면 먼저 자신과의 싸움에서 이기는 것을 알려주는 것이 좋겠다. 회사원도 우수한 입사 동기가 있다면 출세 경쟁에서 이기기 힘들 것이다. '그 동기의 월급은 3배가량 되었지만 나도 1.5배는 되었어!'라면 당연히 기쁘지 않겠는가. 남자아이가 자기 평가를 낮추지 않으면서 겨루게 하자.

쉽게 질리지만 빠져들기도 쉽다

: 노력을 강요하지 말고 빠져드는 포인트로 이끈다

'남자아이는 끈기가 없다.' 세상 엄마들로부터 귀에 딱지가 생길 정도로 듣는 말이다. 확실히 맞는 말이다. 남자아이는 뭔가를 좋아하는 것도 빠르지만 질리는 것도 빠르다. 나를 포함해 이 땅의 아빠들도 그런 기억이 있을 텐데 울트라맨에 흠뻑 빠지거나 다음 날 라이더가 가장 멋지다고 생각했던 적 말이다. 남자는 그런 존재다.

그런데 그 아기 같은 모습이 점점 더 두드러지는 시대인 것 같다. 오늘날 초등학교 5학년 정도라도 유치원생과 별로 다르지 않으므로 엄마뿐만 아니라 아빠도 남자아이에게 신경 쓰고 불안해한다. 그래도 이런 모습을 바꾸려고 하지 말고 받아들이며 키우는 수밖에 없다. 동시에 잊지 말아야 할 것이 바로 남자아이는 잘 질리지만 빠져들기도 쉽다는 것이다. 원래 남자아이는 자기표현이 서툴러 이 공부는 질렸으니 다른 것을 하고 싶다고 말하지 못한다. 발만 까닥거리거나 슬쩍 옆눈질하는 등 지금 집중하지 못하고 있다는 사인을 금방 보인다. 이때 사인을 본 많은 부모는 "이 녀석아, 집중 좀 해."라거나 "앞으로 1시간이면 끝나니 좀 열심히 해!"라고 말한다.

하지만 집중이 사라진 남자아이에게 이것을 기대하는 것은 무리다. 휴식 시간을 갖거나 화장실에 가거나 과목을 바꾸어 처음부터 새로 빠져들게 해야 한다. 그러므로 부모는 계속하라고 무리하게 요구하지 말고 새로 빠져드는 포인트로 이끄는 요령을 찾아야 한다. 생각해보자. 10분밖에 집중하지 못한다면 그것을 기본 시간으로 삼고 6세트를 하면 1시간이 된다. 짧게 끊었지만 집중한 상태의 합계 1시간인 쪽이 건들거리며 집중하지 않은 상태에서 책상에 앉아 있는 1시간보다 훨씬 가치 있지 않을까.

작은 성공 체험으로
단숨에 바뀐다

　남자아이의 성장에는 평평한 층계 구간이 있다고 나는 생각한다. 반면, 여자아이는 계단을 한 칸씩 순조롭게 오르는 것과 같으므로 초등학교 시절 전반기는 압도적으로 여자아이가 높은 곳까지 올라가 있다. 층계에서 여전히 제자리걸음 하는 남자아이에게 "그러고만 있으면 어떡하니!"라며 부정적인 말을 던지면 안 된다. 층계에 있는 시간 즉, 어쩌면 쓸데없어 보이는 시간이 나중에는 큰 발전 가능성으로 바뀔 수 있기 때문이다.

　아직 자기 긍정감이 자라지 않은 어린 남자아이에게 부정적인 말을 해버리면 그것만으로도 와르르 무너진다. 제자리걸음 할 때는 할 수 있는 것 외에는 시키지 말자. 한 학년 아래의 수학 문제도 좋고 영어 문장 쓰기도 좋다. 어떤 아이라도 자신이 잘하는 단계가 있을 테니 그 점에 착안해 그 부분을 반복해 풀게 하자. 간단한 것을 차곡차곡 연습하게 해 '나도 할 수 있구나.'라고 실감하면 그것이 '나는 다른 것도 할 수 있다.'라는, 근거는 없지만 잘 될 것 같은 자신감으로 이어진다.

같은 문제라도 해낼 수 있다는 자신감으로 도전하는 것과 자신감 없이 하는 것은 결과가 다르다. 특히 팽팽한 긴장 속에서 치르는 입시 시험은 어떤 문제가 나올지 알 수 없다. 출제된 문제를 보자마자 항상 할 수 있었으니 이번에도 할 수 있다고 생각하게 하는 것이 매우 중요하다. 나다(灘)나 카이세 같은 명문 학교 출신자가 도쿄대에 쉽게 합격하는 것은 공부를 잘한 이유 외에도 '나는 도쿄대에 갈 수 있다. 지금까지도 모두 해냈기 때문이다.'라는 정신적 요소도 크게 작용했기 때문이다. 하지만 이것도 근거는 없다. 다양한 성공 체험을 쌓게 하고 거기부터 자기 긍정감을 키워나가게 하자.

공부에만 국한하지 말고 철봉이나 뜀틀, 줄넘기도 좋다. 지금까지 못 했던 거꾸로 매달려 오르기를 해냈다. 5단밖에 못했던 뜀틀에서 8단을 넘었다. 이렇게 해냈을 때 '야호! 그것 봐! 뭐든지 할 수 있다니까!'라는 기분을 알게 되면 남자아이는 눈이 휘둥그레질 정도로 실력이 향상된다.

You can do it

제2장

남자아이의 학습 능력을 길러주는 5가지 절대 원칙

: 어떤 아이에게도 통용되는 성적 향상 메커니즘

학습 능력을 키우려면 우선 아는 구조를 이해해야 한다. 학습에는 반드시 단계가 있으므로 갑자기 알 수는 없다. 아이의 현재 이해 위치를 올바로 파악하면서 점과 점을 연결해 선으로 어떻게 만들어 나갈 것인가. 이번 장에서는 이 학습 능력 향상의 비밀을 공개한다.

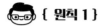 **{ 원칙 1 }**

학습 능력은 반드시 단계적으로 오른다

◼ 학습 능력을 키우는 데는 순서가 있다.

아이의 학습 능력은 크게 3단계를 밟으며 커진다. 나는 이것을 목욕에 비유해 설명한다. 바로 목욕이론이다. 맨 처음은 욕조를 만드는 단계다. 쾌적한 목욕을 하고 싶다는 욕심에 우선 훌륭한 욕조가 필요하다. 큰 욕조를 만들고 싶은 욕심에 구멍이 나거나 금이 가면 곤란하다. 이 단계는 하자가 생기지 않도록 신경 쓰면서 아이의 기초 학습 능력을 확실히 다지는 토대기다. 다음은 물을 채우는 단계다. 단단한 욕조가 완성되면 그 안에 물을 붓는다. 욕조가 클수록 많은 물이 채워지지만 절반가량 찼을 때 갑자기 물이 멈출 수도 있다. 이 단계는 아이에게 다양한 정보가 쌓이는 지식기다. 맨 마지막은 목욕 물품을 준비하는 단계다.

목욕은 욕조에 몸을 담그는 것뿐만 아니라 몸의 때를 씻어내 깨끗해지려고 하는 것이니 수건과 비누 등이 필요하다. 이 단계는 아이의 학습 능력이다. 즉, 완성기다. 각 단계를 반드시 지켜야 하고 하나도 소홀하면 안 된다.

특히 토대기에는 철저한 제작과 품질 체크가 필수다. 아무리 맑고 깨끗한 물을 많이 받고 좋은 비누를 사 오더라도 애당초 욕조가 망가져 있으면 목욕할 수가 없다. 그런데 이 점을 경시해 물만 많이 받으려고 하거나 대뜸 물품부터 장만하려는 부모들이 많다. 물이나 목욕물품은 돈으로 얼마든지 준비할 수 있기 때문이다. 아이의 학습 능력이 늘지 않아 고민이라면 물이나 목욕물품이 아니라 한 번쯤 욕조를 점검해야 한다. 그 후 이상이 발견되어 고치기부터 시작해야 좋은 결과로 이어진다.

◼ 왜 토대기가 가장 중요한가?

욕조를 만드는 작업은 산수의 덧셈, 뺄셈, 곱셈, 나눗셈에 비유할 수 있다. 기초학습을 마쳤다면 단 1초도 안 걸리고 5+8의 답이 13이라고 답하지만 이제 막 학습을 시작했다면 5초가량 걸리기도 한다. 둘의 차이는 4초이지만 이것이 네 자리 덧셈이 되면 한 자리마다 4초 차가 벌어지므로 최종적으로 16초 차가 난다. 겨우 한 문제를 푸는 데 16초나 느리다면 이미 승부는 끝난 것이다.

정답률도 마찬가지다. 100% 맞추는 아이와 80% 맞추는 아이는 문제가 쌓일수록 그 간격이 벌어질 것이다. 즉, 이 기본적인 계산이나 영어 단어 문제, 암기 사항 등을 얼마나 빨리 높은 정답률로 풀 수 있는 가는 매우 중요한 주제이고 이것을 확실히 해야 할 때가 욕조를 만드는 시기다. 게다가 집중력을 키우는 것도 이 시기에 해야 할 중요한 작업 이다.

맨 처음부터 1시간 동안 집중하는 것이 아니라 3분, 5분, 10분처럼 집중할 시간을 조금씩 늘려나가야 한다. 이 토대기의 남자아이와 여자 아이는 조금씩 차이가 있다. 남자아이의 경우, 0~10세라고 나는 생각한 다. 남자아이는 유치원의 형님 반이든 초등학교 4~5학년이든 정신연령 에서 별로 다르지 않기 때문이다.

◼ 10~13세 시기의 꽉 채워 넣는 학습이 학력차를 만든다

실제로 완성된 욕조의 크기는 아이마다 다르지만 구멍이나 틈새 없이 확실하고 단단히 만들어 놓으면 물은 제대로 들어간다. 물을 좍좍 부어 넣는 데 적절한 시기는 10~13세다. 요즘은 학습학원에 참고서, 인 터넷 강의 등의 교재가 차고 넘치므로 넣어야 할 것을 얼마든지 쉽게 구 할 수 있다. 이 지식기에 공식을 하나라도 더 이해하거나 국어 독해 문 제를 푸는, 꽉 채워 넣는 학습을 철저히 하면 아이의 능력은 단숨에 향상된다. 단, 그 향상 결과가 10~11세에 올지 13세에 올지는 차이가 있어 앞에서 말한 10세의 벽이 나타나곤 한다.

사립 중학교 입시를 준비한다면 13세는 너무 늦다. 부디 10~11세에 급격한 학습 능력 신장을 경험하면 좋겠다. 사립 중학교 입시를 준비하지 않는다면 시간적 여유가 있더라도 역시 13세가 막바지라고 생각한다. 명문대 진학을 많이 시킨 것으로 유명한 모 고교 교사는 대학 입시 결과는 중2 때까지 결정된다고 지적한다. 튼튼한 욕조에 물을 확실히 채우는 것은 기껏해야 13세까지라는 의미로 이해된다. 거기까지의 작업 상황에 따라 아이의 학습 능력의 상당 부분이 결정된다는 뜻이다.

나는 더 쾌적한 목욕을 위해 필요한 물품을 갖추는 완성기는 14~18세라고 생각하는데 14세는 이미 13세 분기점을 지났다. 수건이나 비누를 다양하게 사둘 수는 있지만 욕조는 이미 결정된 후다. 사립 중학교 입시를 준비했지만 합격하지 못했더라도 최종 지망 대학에 합격했다면 다행이다. 고등학교에 진학해 열심히 하면 될 것이라는 안이한 생각은 이미 늦었다는 의미다.

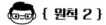

'알다'라는 점을 늘려 '연결'하는 것

◼ '알다'는 센스가 아닌 논리

아이들의 성적은 우연히 오르지 않는다. 메커니즘에 따라 오른다. 즉, 메커니즘에 따라 알게 되어 오르는 것이다. 이 메커니즘을 무시하면 열심히 하라고 아무리 격려해도 되지 않는다.

많은 사람이 '알다'와 타고난 머리나 센스가 깊은 관련이 있다고 여겨 센스를 갈고 닦을 수 있는 훈련을 기대한다. 어려운 문제를 푸는 요령 따위를 알고 싶고 센스 있게 생각하는 방법을 배우려고 한다. 그런 훈련을 받으면 머리가 점점 좋아진다는 이미지를 가진 것이다. 하지만 '알다'는 비법을 쓰거나 지금까지 생각조차 못한 문제 해결법을 발견해 갑자기 이해할 수 있는 것이 아니다.

솔직히 '알다'라는 프로세스는 점프하는 것이 아니라 지극히 수수한 작업을 지속적으로 반복하는 것이다. 반대로 표현하면 수수한 작업을 반복하면 누구라도 '알다'에 도달할 수 있다는 의미다. 안다는 것은 센스라기보다 논리다. 학습 능력을 키우려면 힘을 한껏 넣은 기합이나 정신력에 의존하거나 특별한 법칙을 찾아 헤매지 말고 '알다'의 블랙박스를 가시화해 그 논리를 이해해 나가야 한다.

물론 아이의 재능이나 센스 차이는 흔한 사실이다. 실제 사립 중학교 입시에서도 천재형 아이에게 유리한 문제가 많이 출제된다. 특히 유명 인기 남학교에서는 재능과 센스 있는 아이를 요구하며 그 경향은 점점 강해지지만 센스와 재능의 혜택을 입은 천재는 거의 없다. 그러니 대부분 남자아이나 여자아이들은 센스나 재능 따위를 생각할 필요도 없다.

▣ 우선 기초지식을 점점 늘려나간다

나는 무엇보다 기초를 중시한다. 특히 욕조를 만드는 토대기의 아이들에게는 '너 정말 이렇게 하는데도 모르니 정말?'이라고 말하며 기초학습을 몇 번이나 반복해 시키고 있다. 수학의 계산문제와 영어 단어, 사회나 과학 암기항목 등을 될 때까지 시키며 그중에서도 중학교 입시가 목표인 아이들에게는 더 철저히 시키고 있다.

물론 중학교 입시 문제는 기초지식만으로 풀 수 있는 것이 많지 않지만 기초가 없으면 풀 수 없는 문제들뿐이다. 그렇다면 기초만으로 풀 수 없는 문제를 어떻게 풀어야 할까? 방법이 없을까? 그래서 많은 학부모는 응용력이 필수라고 여기는데 사실 그렇지 않다. 기초들을 연결해 풀어가는 것이 바로 '알다'다.

예를 들어, 조선 왕조가 들어선 것은 1392년, 미국의 수도는 워싱턴 D.C, 영어 3형식 문장은 주어+동사+목적어처럼 개별적으로 외우는 것이 기초다. 즉, 기초학습은 하나하나를 점으로 보고 외워나가는 작업이다. 이런 기초 점이 몇 개나 있고 그 점끼리 유기적으로 연결해 나가야 다양한 것을 알 수 있다. 이때 점이 많아야 '알다'로 이어지는 네트워크가 더 정교하게 구축된다는 것은 두말할 필요도 없으므로 기초는 아무리 많이 쌓아도 헛수고가 아니다.

그런데 현대사회에서는 이 점을 늘리는 작업이 경시되고 있다. 요즘 중학교 영어수업에서는 영어 단어 암기보다 듣기나 말하기를 우선시하지만 실제로 영어를 할 수 있는 사람은 많은 영어 단어가 머릿속에 들어 있고 그것을 유기적으로 연계해 쓰는 사람이다. 처음부터 아는 영어 단어가 별로 없으니 영어를 못하는 것이 당연하지 않은가.

또 생각하는 것이 가장 중요하다는 풍조도 기초를 쌓는 데 영향을 미치고 있다. 도쿄대 시험 문제는 학생의 지식 양이 아닌 생각하는 힘을 묻는다는 말이 회자되는데 이 말은 생각하기 위한 소재가 대전제로 깔린 말이다.

우리 학원에도 도쿄대 출신 강사들이 많다. 그들은 센터 내 시험 점수도 최상위권이다. 기초가 되어 있으니 당연한 결과다. 비즈니스맨 세계에서도 이것저것 아는 사람보다 훌륭한 아이디어를 낼 수 있는 사람이 더 가치 있다고 한다. 하지만 생각의 재료가 없는 사람이 어떻게 아이디어를 낼 수 있겠는가. 가장 중요한 것은 점을 늘리는 것이다.

기초학습에서 배운 점을 유기적으로 연결해 '알다'로 나아가기 위해 가정에서 할 수 있는 방법이 있다. A3 종이에 특정 내용을 적어 넣은 점을 여기저기 많이 찍고 아이에게 연결하게 한다. 그때 어떻게 그렇게 연결했는지, 그랬더니 무슨 일이 일어났는지 아이가 자신의 말로 설명하게 한다. 특정 내용을 적은 점을 찍었는가에 대해서는 무작위로 해도 된다.

신문, 잡지, 아이의 교과서, 지도 등에서 골라보자. 또는 내용을 종이 한가운데 적고 거기서부터 마인드맵처럼 점을 연결해 선으로 확장하는 작업도 효과적이다. 한가운데 도널드 트럼프를 적었다면 거기서부터 이방카, 쿠슈너로 뻗어 나가는 선이나 태양, 달, 월식 등의 선이 있을 수도 있다.

〈도표 1〉 점이 연결되면서 여러 가지 사실을 이해할 수 있게 된다!

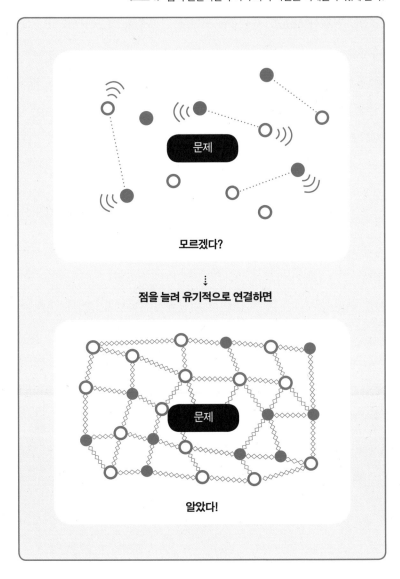

아이들은 암기는 잘해도 연결하는 작업은 잘하지 못한다. 아마도 교육제도 탓일 것이다. 사회수업 시간에서 국사, 세계사, 지리처럼 뚝뚝 단절된 교육으로 횡적 연결이 사라지고 말았다. 아이들은 이미 이런 학습에 익숙해 자신이 기억하는 지식을 유기적으로 연결할 수 있음을 깨닫지 못한다. 가정에서라도 이런 활동으로 아이들의 연결하는 힘을 일깨워주길 바란다.

유명 중학교 입시일수록 개별적으로 암기한 지식만으로는 대처할 수 없는 문제가 늘고 있다. 게다가 문제 유형도 다양해 모 중학교 사회 과목에서는 일본 헌법 제9조의 개정 필요성 여부에 대한 찬반 의견 서술 문제가 출제된 적 있다. 단순히 현행 헌법 제9조를 암기한다고 서술할 수 있는 문제가 아니다. 오늘날 국제 정세와 테러 문제 등 풍부한 재료를 기초로 갖추고 유기적으로 연결해 깊이 파고드는 능력도 있어야 한다.

과학 과목에서는 나다 중학교에서 새해 첫날 해돋이를 두 번 보는 방법 문제가 출제되었다. 이 문제를 풀려면 태양이 떠오르는 지축과 시간에 대한 사고력이라는 복수 지식이 함께 적용되어야 한다. 이것도 점이라는 기초지식의 유기적 연결을 요구한다.

〈도표 2〉 가정에서 할 수 있는, 아이의 연결하는 힘을 키우는 공부법

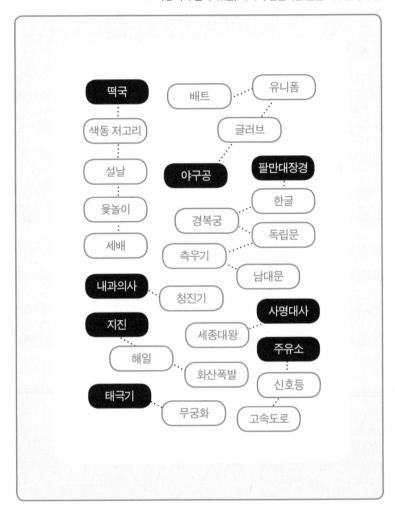

또한 점을 선으로 연결할 때는 앞의 2~3개 대답이 필요할 때도 있다. 과거에는 1945년 8월 6일 원자폭탄 투하 도시를 묻는 문제에 '히로시마'라고 즉시 대답하면 되었지만 오바마 대통령의 노벨평화상 수상 이유에서 점점 연결해 히로시마까지 도달하는 것처럼 우회 질문이 나올 수도 있기 때문이다.

더구나 완전 오픈형 질문으로도 나온다. "프란치스코 교황은 오늘날 세계에 필요한 것은 벽이 아니라 다리라고 말했습니다. 당신에게는 무엇이 다리입니까?" 여기에 다리는 강을 건널 때 쓰는 것이라고 답한다면 말이 안 된다. 모범적인 서술은 베를린 장벽이나 통곡의 벽 등 세계를 분단하는 벽에 대해 밝히고 다리가 협력이나 평화의 상징이라는 결론을 내야 한다.

또한 동서냉전, 종교전쟁, 세계를 분단하는 문제에 대해서도 반드시 알고 있어야 한다. 잠깐만 보아도 어려워 보이는 이런 문제도 결국 각 요소로 분해해 나가면 반드시 풀 수 있는 문제다. 비즈니스에서 일어날 수 있는 갈등도 결국 문제의 원인을 분해해 파고들면 해결할 수 있으므로 속임수를 쓸 필요가 전혀 없다. 분해했을 때의 기초지식 보유량이 중요할 뿐이다. 남자아이와 여자아이의 학습도 마찬가지다.

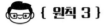

기초 습득에는 반복이 빠질 수 없다

: 어떤 과목에도 반드시 외워야 할 구구단이 있다

부모가 아이의 학력 신장을 확인하는 지표로 평균치가 있다. 중학교 입시 모의고사를 보면 초등학생조차 훌륭한 평균치가 나오는 아이가 있다. 그런데 그 기본 테스트는 공립 초등학교에서 공부하는 내용으로는 풀 수 없는 문제가 많아 맨 처음에는 말도 안 되는 낮은 점수로 나오기도 한다. 평균치가 29, 33이라면서 생각해본 적도 없던 낮은 평균치를 보고 우리 아이는 정말 바보라며 충격을 받는 부모도 많다. 그래서 공부를 더 시켰는데도 평균치가 오르지 않으면 공부효과가 나지 않는다, 학원이 아이와 맞지 않다고 오판한다.

하지만 애당초 평균치 상승이 아이의 학습 능력 향상을 의미하는 것은 아니다. 평균치는 상대적이므로 자녀의 능력이 크게 성장하고 있더라도 주변 학생들도 열심히 공부하므로 자녀의 능력이 평균치로 드러나기 힘든 경우가 다반사다. 반대로 분모에 해당하는, 난이도가 낮은 모의고사를 보면 자녀의 평균치는 높게 나오므로 평균치를 높이는 것은 큰 의미가 없다. 그보다 훨씬 중요한 것은 학습 능력을 키우는 것이다. 평균치가 올라가지 않더라도 학습 능력이 향상되는 남자아이나 여자아이는 많다.

평균치나 성적은 아이 개인의 절대적 점수가 아니므로 급등하거나 반대로 열심히 하는데도 오르지 않는 등, 의미를 부여할 수 없을 만큼 이상하게 움직일 때가 있다. 하지만 학습 능력은 '한 만큼' 오르므로 나는 평균치가 아닌 학습 능력을 믿는다. 내가 아이의 학습 능력을 판단하는 지표는 그 아이가 '전에 배운 내용을 자기 것으로 만드는가'다.

지난주에 배운 내용이 이번 주에 완성되어 있는가? 지난주에 배운 것을 이번 주에 체득하고 이번 주에 외운 것은 다음 주에 익히는 것처럼 작은 단계 하나도 빠뜨리지 않고 단계를 확실히 올려 나간다면 그 남자아이나 여자아이는 지망 학교에 합격할 수 있다. 이런 방식으로 단계를 밟아가며 공부했던 것은 쉽게 잊히지 않는다. 오히려 차곡차곡 쌓인다. 상대적 평균치에 일희일비하지 말고 아이의 절대적 학습 능력을 키워주어야 한다.

▣ 어떤 과목이든 수학의 구구단과 같은 기초가 있다
- 국어·과학·사회도 기초를 건너뛴 성적 향상은 있을 수 없다

우리 학원에서는 맨 먼저 아이들에게 기초의 중요성을 철저히 이해시키고 단계별로 공부하면서 단계를 조금씩 올려 나간다. 이렇게 하면 기본이 탄탄한 학습 능력이 분명히 체화된다. 부모는 어떻게 해서든 금방 성적을 올려주는 마법과 같은 것을 학원에 바라지만 그런 것은 없으며 정말 성적을 올리고 싶다면 기초를 철저히 다지고 절대로 간과하면 안 된다.

수학의 곱셈 문제를 풀 때 필요한 기초는 구구단이다. 8×9=72를 순간적으로 떠올리지 못한다면 어떤 문제도 주어진 시간 안에 풀 수 없다. 구구단과 같이 반드시 익혀두어야 할 기초사항이 수학 이외 과목들에 있다. 사회 과목이라면 행정구역과 각 시·도·구·군, 청사 소재지를 모두 아는 것이다. 내가 어릴 때는 초등학교에서 이것들을 모두 외우지 않으면 안 될 정도로 반복해 가르쳤는데 요즘은 성인이 된 후에도 자신이 성장한 지역 외에는 잘 모르는 사람이 많다. 그런데 중학교 입시 예정이라면 당연히 알아야 할 기초이므로 외워 두어야 한다. 동시에 이런 것들은 과학과 국어에도 있다.

기초학습에서는 반복 연습을 빼놓을 수 없다. 야구라면 맨 처음 캐치볼과 효율적인 배트 스윙 연습을 한 후 노크 배팅과 타격 연습을 반복하듯 연습 단계를 조금씩 올리며 기초를 확실히 익혀야 할 것이다.

이처럼 우리 학원에서도 아이의 수준에 맞추어 기초 반복 학습을 실시하고 있다. 이때 세세한 수준별 단계가 나누어져 있으면 반복 연습을 시작해야 할 현재 위치를 파악하게 된다. 우리 학원에서 사용하는 계산 64단계 그림이 나와 있다. 한눈에도 알 수 있듯이 곱셈만 6단계다. 23×7, 47×6처럼 두 자리×한 자리 곱셈 문제를 재빨리 풀 수 없는 아이에게 두 자리×두 자리 문제를 시킨다면 당연히 긴 시간이 걸릴 것이다. 물론 정답률도 떨어진다.

이때 모두 두 자리×두 자리 문제로 넘어갔다며 부담을 주고 무리시키는 것은 올바른 방법이 아니다. 어쨌든 현재는 두 자리×한 자리 곱셈 문제를 철저히 반복해 익히게 하고 진행하는 것이 결과적으로 학습 능력을 올리는 길이다. 남자아이는 경쟁을 좋아하므로 이런 반복 학습에서도 '내가 ○○보다 빨리 풀었구나.'라거나 '○○보다 맞춘 문제가 많네.'라는 칭찬이 학습 원동력이 될 수 있다.

단계	내용	단계	내용
1	덧셈(+1~+5)	33	분수의 덧셈·뺄셈(분모가 같을 때의 계산)
2	덧셈(+6~+9)	34	분수의 덧셈·뺄셈(한쪽 수로 통분 계산)
3	덧셈(10단위+한 자리)	35	분수의 덧셈·뺄셈(최소공배수로 통분 계산)
4	뺄셈(한 자리-한 자리)	36	분수의 뺄셈(대분수로 고치는 계산)
5	뺄셈(10단위-한 자리)	37	분수의 곱셈
6	덧셈(자릿수가 올라가는 두 자리+두 자리)	38	분수의 나눗셈
7	덧셈(세 자리+한두 자리)	39	소수, 분수의 변환
8	덧셈(세 자리+세 자리)	40	소수와 분수의 혼합계산 / 분수의 계산 종합 점검
9	뺄셈(두 자리-두 자리	41	정수의 사칙연산
10	뺄셈(세 자리-한두 자리나 세 자리) / 덧셈, 뺄셈 종합 점검	42	소수의 사칙연산
11	곱셈(1~5단)	43	분수의 사칙연산
12	곱셈(6~9단)	44	괄호가 있는 정수의 사칙연산
13	곱셈(두 자리×한 자리)	45	괄호가 있는 소수의 사칙연산
14	곱셈(세 자리×한 자리)	46	괄호가 있는 분수의 사칙연산
15	곱셈(두 자리×두 자리)	47	정수, 소수, 분수의 사칙연산
16	곱셈(세 자리×두 자리)	48	괄호가 있는 정수, 소수, 분수의 사칙연산
17	나눗셈(두 자리÷한 자리, 나머지 없음)	49	계산 방법(계산 순서)
18	나눗셈(두 자리÷한 자리, 나머지 있음)	50	계산 방법(분배법칙, 결합법칙 이용)
19	나눗셈(두 자리÷두 자리)	51	계산 방법(부분분수 분해) / 종합 계산 연습
20	나눗셈(세 자리÷두 자리) / 곱셈, 나눗셈 종합 점검	52	역산(덧셈·뺄셈만, 2항만)
21	소수란	53	역산(덧셈·뺄셈만, 3항 이상)

22	소수의 덧셈	54	역산(곱셈·나눗셈만, 2항만)
23	소수의 뺄셈	55	역산(곱셈·나눗셈만, 3항 이상)
24	소수의 곱셈(정수×소수)	56	역산(사칙연산)
25	소수의 곱셈(소수×소수)	57	역산(괄호 포함)
26	소수의 나눗셈(소수÷정수)	58	역산(소수, 2항만)
27	소수의 나눗셈(소수÷정수, 나머지 없음)	59	역산(소수, 3항 이상)
28	소수의 나눗셈(소수÷정수 나머지 있음)	60	역산(소수 및 괄호 포함)
29	소수의 나눗셈(소수÷소수, 나머지 없음)	61	역산(분수, 2항만)
30	소수의 나눗셈(소수÷소수, 나머지 있음) / 소수의 계산 종합 점검	62	역산(분수, 3항 이상)
31	가분수 및 대분수의 변환	63	역산(분수 및 괄호 포함)
32	약분	64	역산(정수, 소수, 분수 혼합) / 역산 종합 연습

▣ 암기가 되지 않는 것은 부적합한 방법 때문

- 아이에게 가장 적합한 암기 스타일을 함께 찾는다

기초 습득은 반복 학습밖에 없지만 그것에 의한 학습 능력 신장률
은 아이마다 다르다. 매일 2시간씩 같은 시간을 들여도 쑥쑥 성장하는
아이와 그렇지 못한 아이가 있다. 이 차이에 대해 타고난 능력 차라고
결론짓는 것은 경솔하다.

학습 능력이 별로 성장하지 않는 남자아이는 훈련 방법이 안 맞기

때문인 경우가 많다. 암기법을 예로 들 수 있다. 기초학습에서 빼놓을 수 없는 암기법은 하나뿐만 아니라 읽기, 쓰기, 듣기, 보기, 말하기 모두 생각해볼 수 있다. 보기에서는 교과서와 참고서뿐만 아니라 스마트폰 애플리케이션 등도 사용하자.

듣기와 말하기는 부모가 함께 공부해줄 때 좋은 방법이다. 효과적인 방법은 아이마다 다르다. 실제로 학생들을 살펴보면 적으며 외우는 아이, 말로 소리내며 외우는 아이, 가만히 글자를 바라보며 외우는 아이 등 다양해 어느 방법이 좋다고 단정하기 어려우므로 시행착오를 거쳐 아이에게 가장 적합한 방법을 찾아가는 것이 가장 좋다. 한 가지만 고집할 필요도 없다. 쓰기를 좋아하는 남자아이도 그 날 기분에 따라 읽기를 늘릴 수 있고 듣기를 섞어 조금이라도 효율적으로 외워나가면 된다.

쉽게 질리거나 집중력이 부족한 남자아이는 부모가 이리저리 암기 패턴을 바꾸어주는 연구도 필요하다. 이때 중요한 점은 남자아이와 여자아이의 주체성을 존중해주는 것이다. 아이가 조금이라도 즐겁게 공부할 수 있는 상황을 만들어주자.

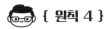 **{ 원칙 4 }**

성적 향상의 열쇠는 습관적 일상화

◼ 매일 세세히 습관화한다

- 성적이 우수한 아이들의 공통점은 기분에 좌우되지 않는 것

성적이 우수한 남자아이들은 공통적으로 자기관리능력이 뛰어나다. 이것은 제대로 공부할 수 있는지 여부와 직결되는 능력이므로 중요하다. 어쨌든 남자아이는 그때그때 기분에 따라 행동한다. 특정 이유로 동기부여되어 있다면 부모가 놀랄 만큼 공부하지만 내키지 않으면 금방 손을 뗀다.

친구들과 야구 경기에 열중해 공부를 뒷전에 두는 경향이 특히 초등학교 남자아이에게 강하지만 단계적으로 학습 능력을 확실히 끌어올려야 할 이때 그렇게 하고 있을 수는 없으므로 남자아이에게는 의지와

습관으로 어떻게 공부시킬 수 있는가가 중요해진다. 그래서 궁극적인 습관적 일상화가 이루어지도록 계획을 수립해야 한다. 공부 시간대는 물론 취침 시간, 식사 시간까지 정하고 습관이 되게 하자.

우리 학원 원생들은 수업 시작인 오후 5시가 되면 맨 처음 계산문제가 10분가량 동안 풀린다. 간단한 것부터 시작해 점점 집중되도록 어려운 문제로 이행한다. 이 과정은 이미 정해진 일이고 매일 똑같이 한다. 가정에서의 학습도 이처럼 습관적 일상화가 되어야 기분에 좌우되지 않는 학습 습관으로 정착된다. 처음에는 부모가 정해주고 아이 스스로 점점 관리하게 하자.

▣ 결정된 일은 반드시 지키게 한다
- 남자아이는 하지 않고도 꾸중받지 않으려고 변명거리를 찾는다

궁극적인 습관적 일상화는 절대로 망가뜨리지 말자. 공부하기로 결정된 시간대에는 무슨 일이 있더라도 공부하게 해야 한다. 내가 남자아이들에게 원하는 것은 어디까지나 무엇을 얼마나 공부했는가일 뿐 공부 환경에 대해서는 변명하게 놔두지 않는다. 특히 남자아이는 공부하고 싶지 않을 때 금방 환경을 들먹인다.

'책상이 더러웠다.'

'어머니가 청소하고 있어 정신없었다.'

'동생 때문에 시끄러웠다.'

'연필이 뭉툭했다.'

'정전되어 깜깜했다'

아이들은 이런 악조건 상황이었는데도 공부해야 했냐며 따지듯이 온갖 핑계를 댄다. 이 말을 곧이곧대로 듣고 있으면 공부할 수 있는 장소는 이 세상에 없는 것 같다. 남자아이의 경우, 계획 수립 후 공부하기로 결정했다면 책상이 없으면 마룻바닥에서라도 하게 하자. 지하철 안이든 손님이 왔든 배가 아파 화장실에 가든 거기서 하게 한다는 정신이 필요하다.

"아니, 그렇게 융통성 없이 했다가 아이가 힘들어하면?"이라며 자녀를 너무 사랑하는 부모의 걱정은 당연하지만 초등학생 남자아이가 습관적 일상화 작업도 하지 않는다면 금방 격차가 벌어질 것이다.

▣ 남자아이의 의욕 발생 스위치는 없다

- 습관화하면 일단 마음과는 상관없다

"부모가 일일이 잔소리하며 관리하지 않아도 되는 마음은 언제 들까요?" 남자아이의 부모 특히 엄마들의 공통 소망이다. 엄마들은 자녀의 의욕 발생 스위치를 맹렬히 찾지만 좀처럼 발견하지 못하는 것 같다. '없기' 때문이다. 때때로 드물게 그것을 가진 남자아이가 있지만 내 아이에게서 그것을 찾으려고 하면 시간 낭비일 뿐이다. 우리 학원에서도 의욕 발생 스위치를 가진 남자아이는 거의 없다.

그런데 그런 스위치가 없는 아이도 원하는 중학교에 합격한다. 실제로 자신의 아이는 마지막까지 별로 하려고 하지 않았지만 다행히 합격했다며 묘한 안도감에 만족하는 부모님이 많다. 어떻게 그럴 수 있었을까? 공부를 습관적으로 일상화해 생활의 일부로 삼았기 때문이다. 잠잘 때는 잠옷으로 갈아입고 아침에 일어나면 세수하고 식사 후 양치질하는 것도 맨 처음에는 부모가 일일이 일러주지 않았다면 하지 않았을 것이다. 실천할 수 있도록 여러 번 말해줬기 때문에 스스로 하는 습관이 된 것이다.

'몇 시에 공부를 시작한다'라는 공부 습관이 양치질처럼 일상화되면 아이는 그것을 고통으로 여기지 않고 자연스럽게 하게 된다. 그렇게 되면 '반드시 해야 한다'는 생각을 억지로 할 필요도 사라진다. 이 장면을 보고 회사 생활과 연관되는 것이 없는가? 여러분이나 여러분의 부하 직원들에게 일하려는 '의욕 발생 스위치'가 있는지 생각해 보자.

평소의 모습을 떠올려보면, 우선 아침에 일어나 출근 준비를 하고 출근해 이메일을 체크하고 단골 거래처를 방문할 것이다. 이것들은 습관적인 행동들이며 의욕 발생 스위치가 켜져 하는 행동들이 아니다. 그래도 단골 거래처로부터 주문을 받으면 그것으로 좋지 않았는가. 의욕

유무를 따지면 기합 부족, 허약한 정신력 등 정신론에 빠질 수도 있다. 하지만 여기서 진짜 중요한 것은 회사 업무처럼 학업도 일상에서 습관화된 행동들로 만족할 만한 결과를 만들어낼 수 있다는 것이다. 습관은 복리와 같아서 반복되면 그 결과가 곱절로 늘어난다.

'습관은 자존감이다'라는 말처럼 매일 꾸준히 반복해 실천하다 보면 에너지가 생긴다. 그리고 긍정적이고 발전적인 방향으로 나아가고 있다는 확신도 생길 것이다.

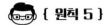 **{ 원칙 5 }**

남자아이의 두뇌 불균형을 활용한다

◼ 남자아이의 뇌는 불균형

- 잘하지 못하는 과목보다 좋아하는 과학이나 수학 성적을 키워준다

앞에서도 말했듯이 우뇌는 공간능력, 좌뇌는 언어능력을 담당한다. 여자아이는 이 두 능력이 균형적으로 성장하지만 남자아이는 우뇌부터 먼저 발달하고 좌뇌는 뒤늦게 성장한다. 우뇌 발달에는 테스토스테론 호르몬이 관여하는데 남자아이에게는 이 호르몬이 풍부해 좌뇌발달이 늦어진다고 한다. 그래서 수학과 퍼즐 게임은 좋아하면서도 국어는 극단적으로 못하는 남자아이가 많은 것이다.

그러므로 중학교 입시에서 남자아이는 국어를 못하는 것이 당연하므로 좋아하는 수학이나 과학 점수를 착실히 쌓아가는 것이 훨씬 중

82

요하다. 초등학생 남자아이에게 싫어하는 것을 억지로 시키는 것은 바람직하지 않다. 단, 현재 어느 중학교든 입시 문제의 문장이 매우 길어지는 추세이므로 이것을 읽어내는 능력은 필요하다. 서구에서는 왕따와 같은 교우관계 때문이 아니라 수업을 따라가지 못한다는 이유로 학교를 그만두는 90%가 남자아이다.

남자아이는 양극단적인 존재인 만큼 여자아이와 비교해 뇌의 균형도 잡혀 있지 않을 것이다. 또한 우뇌와 좌뇌를 연결하는 뇌량이 여자아이보다 좁아 연락이 원활하지 않은 것도 특징이므로 여러 가지 작업을 동시에 할 수 있는 여자아이보다 남자아이는 한 가지 작업밖에 집중할 수 없다. 그러니 남자아이에게 한꺼번에 많은 것을 기대하는 것은 포기하는 것이 좋다.

▣ 잘하지 못하는 과목의 극복은 부모의 자기만족
- 남자아이의 '아는 척'에 요주의

어른도 좋아하는 것과 싫어하는 것이 있는데 하물며 아이는 어른보다 선호 의사가 훨씬 강하고 싫어하는 것에 대한 흡수력은 극단적으로 낮다. 특히 남자아이는 그 차이가 현격해 잘하지 못하는 것을 무리하게 시키면 열심히 한 것 치곤 얻은 것이 너무나 적은 상태가 된다. 처음부터 잘하지 못하는 과목이 있으면 빨리 극복시켜야 한다는 생각은 부모라면 당연하다. 그래서 어느새 아이가 싫어하는 과목에 대해 "먼저 이것부터 해."라거나 "아빠가 가르쳐줄게."라며 적극적으로 대책을 세우려고 한다. 하지만 남자아이의 경우, 부모의 자기만족으로 끝날 가능성이 크다. 여자아이는 시크하게 모르겠다고 말하지만 남자아이는 끝까지 아는 척하며 머릿속에서는 다른 것을 생각하기 때문이다.

우리 학원에서도 도쿄대 수학 문제를 아이들에게 시험 삼아 설명해 보면 전혀 모르겠다고 솔직히 말하는 것은 여자아이고 남자아이는 태연히 '아! 알았다.'라고 말한다. 이렇게 남자아이에게 모르는 것을 부지런히 가르치는 것은 부모와 아이 모두에게 무모한 작업이다.

▣ 남자아이는 우위에 서기 위한 경쟁을 선호
- 굳이 시킨다면 시행착오부터 배우게 한다

갓난아기 연구에서 남자아이와 여자아이는 눈으로 쫓는 대상에서 차이가 있음이 밝혀졌다. 여자아이는 사람에 관심을 보이는 반면, 남자아이는 물건을 따라갔다. 적어도 먼 조상의 생활양식에 그 이유가 있지 않을까. 문명사회를 맞기 전 인류는 수렵과 채집생활로 연명했다. 남자들이 사냥 간 사이 여자들은 나무 열매 등을 모으거나 아이를 키우며 마을을 지켰다. 여자아이가 태어나면서부터 사람에 흥미를 가진 것은 마을을 지키는 데 사람들과의 커뮤니케이션이 필요했기 때문일 것이다.

반면, 남자아이는 태어나면서부터 물건을 좋아하고 그것을 얻기 위해 남들보다 우위에 서길 원한다. 또한 여자아이처럼 타인과의 조화를 중시하지 않아 무엇이든 자신이 직접 결정하고 싶어 한다.

이것이 대부분 남자아이의 공통적인 특징이다. 남자아이는 우위에 서기 위한 경쟁을 좋아해 자신이 직접 결정한 전략이 실패해도 기가 꺾이지 않으니 스스로 하겠다고 정한 것을 하게 해주자. 물론 이 전략이 좀 이상하다는 것을 스스로 알아차려야 하므로 적극적인 시행착오를 경험하게 하자. 단, 조건이 있다. 이상한 학습계획을 세워 시행착오를 해보느라 얼마 남지 않은 입시까지의 제한된 시간을 허비하면 안 된다. 필요한 부분은 부모가 점검한다는 전제하의 이야기다.

◼ 남자아이에게는 정리정돈을 요구하지 않는다

나는 우리 학원 아이들의 소지품을 눈을 반짝이며 살펴볼 때가 있다. 이렇게 말은 하지만 어디까지나 여자아이가 대상이다. 솔직히 여자아이들은 캐릭터가 붙은 문구 하나까지 흠잡을 데 없이 깨끗하고 깔끔히 정돈되어 있을 때는 공부에 집중하지 않는 경우가 많기 때문이다.

반면, 남자아이의 소지품은 세세히 점검하지 않는다. 점검할 필요도 없이 어떤지 훤히 알기 때문이다. 남자아이의 부모님은 잠시 이 책을 멈추고 아들의 가방 속을 봐주길 바란다. 한숨밖에 나오지 않을 것이다. 남자아이의 가방 속은 뒤죽박죽이다. 가방 속처럼 그들의 머릿속도 뒤죽박죽이어서 무엇을 어떻게 준비해야 할지 몰라 필요 없는 것도 쑤셔 넣는다. 그것을 뒤적거리며 꺼내거나 집어넣으니 결국 가방 속이 엉망진창이 되는 것은 당연하다.

소지품 정리가 잘 되어 있다면 그 아이는 이미 머릿속으로 무엇을 고를지 취사선택할 수 있게 된 것이고 공부에서도 한 걸음 두 걸음 앞으로 나아갈 것이다. 하지만 이런 남자아이는 드무니 우리 아이의 엉망진창을 한탄할 필요는 없다. 게다가 도쿄대 교수의 책상이 흐트러진 경우는 정말 많으므로 남자아이의 가방이나 책상 속을 정리하라고 꾸중하지 말고 정리할 수 있게 되면 성적이 지금보다 빛을 발할 것이라고 기대하자.

제3장

평생 도움이 되는
생각의 힘을 기르는 13가지 방법

생각하는 힘은 공부뿐만 아니라 사회 진출 후에도 도움이 된다. 하지만 자신의 머리로 생각하려면 재료가 필요하다. 지식, 어휘, 경험, 독서력 등 생각 소재가 필요하다는 뜻이다. 이것을 배우고 익히려면 어떤 학습법이 효과적일까?

생각하는 힘은
지식의 양에 비례한다

    우리 학원에서는 기초 반복 학습을 철저히 시키고 있다. 한편, 사립 중학교 입시에서는 기초적인 학습 능력만으로는 부족한, 생각해 풀지 않으면 안 되는 문제도 다수 출제되므로 기초만 하면 안 되고 생각하는 힘을 더 키워야겠다며 걱정하는 부모님도 있다.

    하지만 지금까지 설명했듯이 생각하는 힘은 기초지식이 쌓여야 생긴다. 수학의 인수분해를 못하는 아이가 방정식 문제를 풀 수 없듯이 기초지식이 축적되어 있지 않으면 생각하는 힘을 연마할 수 없다. 비즈니스 현장에서도 그렇게나 빈번히 생각하는 힘이 가장 중요하다고 말하지만 솔직히 막연하다. 도대체 여러분은 무슨 기준으로 생각하는 힘을 판단하고 있는가? 프레젠테이션을 멋지게 진행해 계약을 성사시켰을 때 그것은 생각하는 힘 덕분일까? 프레젠테이션 성공은 업계 데이터

분석을 철저히 했거나 자료를 이해하기 쉽게 만들었거나 시장의 니즈를 제대로 해석했거나 상대방의 마음에서 가려운 부분을 정확한 단어로 해소해준 기초적인 비즈니스 스킬 구축 때문이라고 나는 생각한다.

적어도 맨 처음부터 생각하는 힘이 있는 것이 아니라 기초적인 비즈니스 스킬을 종합한 후 올바로 생각할 수 있는 것이라고 표현하는 것이 맞지 않겠는가? 아이 입장에서 기초지식이 이미 알고 있는 지식인 기지라면 생각하는 힘은 미지다. 참고서 내용을 많이 외워 기지를 늘려도 미지의 것은 금방 이해할 수 없다. 처음 보는 그래프가 출제되면 당황하며 긴장하겠지만 지금까지 공부해온 기지의 요소를 이리저리 조합해 그래프의 의미를 드디어 알게 된다. 지금까지 한 번도 푼 적 없는 것 같은 미지의 문제도 이미 알고 있는 기지의 지식 속에서 꺼내 쓰면 풀린다.

한편, 기초지식 양이 부족하면 그 문제는 아무리 노력해도 풀 수 없다. 생각하는 힘은 각 지식을 유기적으로 연결하는 힘이다. 이때 연결한 선만 길고 두껍게 만드는 것은 어리석다. 점인 지식을 늘리는 것이 최우선시되어야 한다. 점이 많으면 하나씩 보면 짧은 선이라도 전체적으로 점점 길게 연결할 수 있기 때문이다.

아이는 문자보다 대화에서 지식을 얻는다

: 만화나 애니메이션도 생각하는 힘을 키워준다.

생각하는 힘의 기본 지식은 참고서와 같은 학습교재에서 얻으므로 한정할 수 없다. 책은 물론 만화, 애니메이션, 영화도 도움이 된다. 이런 소재에 접하게 해 조금이라도 다양하고 폭넓게 지식을 늘려야 아이의 생각하는 힘도 커진다. 그러므로 "그런 거 볼 시간 있으면 공부나 해."라고 다그치지 말고 시간을 정해 긴장도 풀며 즐기게 해주자.

아이가 폭넓은 지식을 늘리려면 가정에서의 대화도 중요하다. 정치와 경제 분야부터 세상 모든 사건까지 촌평도 포함해 부모님과 대화하면 아이의 지식 양은 대폭 향상된다. 초등학생 아이는 아직 글자를 읽고 속뜻까지 알기 힘들 수 있으니 대신 대화를 나누다 보면 지식 스위치가 켜질 수 있다. 특히 남자아이의 경우, 아빠로부터 회사 업무나 취미 이야기를 들으면 더 알고 싶은 욕구가 생긴다.

'나만의 암기법 찾기'가
생각하는 힘을 키워준다

　모순적으로 들릴지도 모르지만 암기를 잘하는 아이는 암기를 피하려고 한다. 가능하면 외워야 할 분량을 줄이면서 효율은 올리려고 하기 때문이다. 이런 아이들은 외워야 할 항목이 100개라면 모두 통으로 암기하는 것이 아니라 각각 나름대로 의미를 부여하며 외운다.

　예를 들어, 고려 왕조를 개국한 태조 왕건의 업적을 외울 때 거기서 파생해 후삼국 통일의 정치·역사적 의미, 국제 정세, 주변 인물, 발생 사건 등에 관련성을 부여하며 외우려고 한다. 한자를 외울 때도 '헤엄치다'라는 글자는 물과 관련 있으니 삼수변이 붙고 밥을 지을 때는 불을 쓰니 불화 변이 붙는 것처럼 의미를 생각하며 외운다. 이 방법을 연구하면 생각하는 힘과 직결된다. 언젠가 우리 학원 아이들이 한자에 대해 나누는 대화를 들었다. 만화의 '만' 자에 삼수변이 붙는 이유를 묻자 한 아이가 만화를 읽다 보면 웃느라 침이 튀어서라고 대답했다.

진위와 상관없이 그 대화 덕분에 거기에 있던 아이들은 만화의 '만' 자에 삼수변이 붙는다는 사실 하나만큼은 확실히 기억했을 것이다. 생각하는 힘은 이런 것이다. 찡그린 얼굴로 끙끙대며 외울 필요가 전혀 없다.

어쨌든 남자아이는 질보다 '양'으로 승부한다
: 잘 질리는 남자아이는 기초학습이 지속되지 않는다

　처음부터 작정하고 덤벼드는 여자아이와 달리 남자아이는 잘 질리므로 생각하는 힘을 키우는 데 필수인 기초지식 학습도 오래 지속되지 않는다. 처음에 10개를 외우려고 했더라도 3개 정도에서 멈춘다. 이런 특징을 가진 남자아이는 어쨌든 양으로 접근해야 한다. 10개를 외우는 학습을 3~4회 해야 비로소 10개 지식을 익힐 수 있다고 생각하는 것이 좋다.

　한자를 외우는 것도 엄마는 10번 쓰면 외울 수 있을지 모르지만 남자아이는 30번 쓰게 해야 한다. 이 방법은 단순 작업이지만 횟수를 채우며 쓰다 보면 '헤엄치다'라는 글자는 물과 관련 있어 삼수변이 있음을 깨달을 것이다. 이런 경험 축적이 생각하는 힘을 키워준다.

학습 능력에는 과목별 연동성이 있다

: 국어 실력으로 영어 성적 올리기

　현재 초등학교 교육에서 영어는 정식 과목이다. 국제화 시대, 부모님은 자녀의 영어 능력에 관심이 커 영어 성적이 낮으면 자녀에게 영어 능력이 없는지 걱정한다. 솔직히 저조한 영어 성적은 영어 능력 부족 때문이지만 애당초 장문 독해가 되지 않는 것은 국어 실력 부족 때문이다. 사실 영어 장문 독해에서 이상한 답을 쓰는 중학생은 모든 지문을 번역해 출제해도 이상한 답을 쓴다. 모국어를 제대로 이해하지 못하는 것이다. 이해의 출발점인 국어 지문에서는 논리독해가 매우 중요하니 문제만 기계적으로 풀지 말고 영어 독해하듯이 역접(하지만, 그러나), 순접(그래서, 즉), 동어반복, 지시어(이렇게), 주제 찾기 등에 초점을 맞추어 연습해야 한다.

　이런 중학생에게 국어 학습을 시키면 연동되어 영어 성적도 오르는 경우가 비일비재하다. 초등학생도 마찬가지다. 다양한 과목들이 서로 연동되어 있다. 과학 문제를 못 푸는 아이를 유심히 관찰해보면 과학이 문제가 아니라 수학의 기초를 모르기 때문이라는 것을 알게 될 때가 있다. 이처럼 잘하지 못하는 과목에 대한 대책만 세우지 말고 타 과목과의 연동성을 검토해 연계 학습을 병행하다보면 각 과목들에서 시차를 두고 시너지효과가 발생할 것이다.

독해력은 듣기로도 향상된다
: 학습 능력 차이는 문제를 읽고 이해하는 방법에서 크게 벌어진다

　과거에 모든 남자아이는 '소년 중앙'과 같은 만화책을 매우 좋아했다. 지금 이 책을 읽는 부모님들도 그랬을 것이다. 좀 성장한 후에는 추리소설 등을 탐독했을 것이다. 하지만 오늘날 아이들은 '동영상 세대'여서 만화의 글자조차 읽기 귀찮아한다. 이것은 초등학교 교사도 지적하는 점이다. 부모 세대의 어린 시절과 비교하면 요즘 아이들은 국어 실력이 현격히 낮다. 그런데 일상생활에서는 대화로 하므로 부모님이 자녀의 치명적인 국어 실력 부족을 알아차리기 힘들다. 게다가 남자아이의 부모는 과학에 강하면 국어는 어느 정도만 해도 된다고 생각하는 경향까지 있어 자녀의 국어 실력에 별 관심을 안 보인다. 정말 큰 문제다.

　물론 앞에서도 보았듯이 싫어하는 과목을 억지로 시키려고 압력을 가하는 데 나는 반대하지만 과학이든 수학이든 모든 시험 문제는 모국어로 출제된다는 점을 잊지 말자. 실제로 문제의 요구사항을 깨닫는 데 시간이 걸리거나 애당초 요구를 몰라 다른 아이들과 차이를 보이는 아이들도 많다.

시부야 교육학원 시부야 중학교에서 실제로 출제된 과학 문제가 다음 페이지에 소개되어 있다. 과학을 아무리 잘해도 국어 실력이 없으면 읽어낼 수 없음을 알 수 있을 것이다. 모국어로 쓰인 문장을 읽는 능력을 올리기만 해도 국어 이외 성적도 향상되는 것은 틀림없는 사실이다. 그럼 모국어로 쓰인 글 독해력이 없는 아이들에게 무엇을 어떻게 해야 할까? 영어를 거의 이해하지 못하는 사람에게 영자신문을 주어도 집어던지듯 갑자기 긴 문장을 읽게 해도 효과는 미미하다. 맨 먼저 짧은 문장을 제대로 읽고 이해하는 활동을 반복할 수밖에 없다.

이때 중요한 것은 가정에서의 대화다. 글자를 눈으로 보고 이해하는 것을 잘하지 못하는 아이에게는 여러 단어를 반복적으로 들려주는 것이 좋다. 아이가 뜻을 잘 모르는 것 같으면 설명도 해주고 단어의 종류도 점점 늘리고 어려운 어휘도 쓰는 등 난이도를 올리면 아이의 어휘력은 저절로 향상될 것이다.

이런 방법으로 귀로 들어 아는 단어는 눈으로 봐도 잘 알게 되고 드디어 문장으로도 이해하게 된다. 부모가 책을 읽어주는 것도 효과적이다. 그림책뿐만 아니라 취미 관련 책도 좋으니 아이가 관심을 보이는 문장을 부모가 읽어주자. 이때 읽는 부분을 손가락으로 가리키며 읽어준다. 그렇게 하면 귀로 듣는 소리와 눈으로 보는 글자가 아이의 내면에서 연결된다.

〈도표 4〉 국어 실력이 없으면 과학 문제의 지문을 읽어낼 수 없다

1. 다음 글을 읽고 아래 문제에 답하시오.

바다거북은 바다에서 생식하는 대형 거북으로 전 세계에 7종이 서식합니다. 일본 근해에서는 붉은바다거북과 푸른바다거북 2종이 자주 관찰됩니다. 수족관이나 바다 다이빙에서 인기 있는 바다거북이지만 대다수 종은 멸종 우려가 있습니다.

멸종 위기의 생물을 지키기 위해서는 그 생물의 생태정보(어떤 장소에서 생활하는가, 무엇을 먹는가, 수명은 얼마인가, 몇 살 때부터 번식이 가능한가, 폐사 원인은 무엇인가 등)를 명확히 밝혀야 합니다. 바다거북이라는 생물에 대해 깊이 알면 인간은 적절한 바다거북 보호 활동을 실행할 수 있습니다.

바다거북 생태정보는 어업 활동 도중 실수로 포획된 바다거북이나 해안으로 떠밀려온 바다거북의 사체 등을 조사해 얻을 수 있는데 그중에서도 산란하기 위해 상륙한 바다거북은 소중한 정보원입니다. 바다거북은 야간에 산란하기 위해 상륙해 바닷가 모래에 '산란 둥지'라는 구멍을 파고 그 안에 산란합니다.

바다거북은 1시간 동안 약 100개의 알을 한 번에 낳습니다. 산란 도중의 바다거북은 난폭해지거나 도망가지 않으므로 등껍질의 길이를 측정하거나 산란한 알의 개수를 세어볼 수 있습니다. 산란 후 바다거북은 산란 둥지의 구멍을

메우고 바다로 돌아갑니다.

바다거북의 알은 약 2개월 후 부화하는데 새끼바다거북이 나옵니다. 새끼바다거북은 밤이 되면 산란 둥지에서 탈출해 바닷가 모래 위로 나옵니다.

산란 둥지에서 탈출한 새끼바다거북은 '프렌지'(Frenzy; 모래에서 탈출한 직후 일정 시간 동안 앞다리를 매우 활발히 움직이는 운동)라는 흥분기에 들어가 네 다리를 활발히 움직여 모래에서 바다로, 다시 연안에서 먼바다로 탈출합니다.

이 흥분기는 하루 동안 지속됩니다. 이 '프렌지' 흥분기 덕분에 새끼바다거북은 물고기나 바닷새와 같은 포식자가 많이 사는 연안에서 최대한 빨리 탈출할 수 있다고 여겨집니다.

바다거북에게 일본은 북태평양상의 소중한 산란지입니다. 특히 붉은바다거북은 지바현부터 오키나와현까지 태평양 연안 넓은 지역에 산란 중임이 보고되고 있습니다.

이 지역에서는 지역주민 등을 중심으로 바다거북 보호 활동이 활발히 진행 중인데 그 대표적 활동 사례로 '바다거북 방류'가 있습니다.

<u>이것은 인간이 바다거북의 알을 일단 회수해 인공부화시키고 일정 크기까지 키운 후 새끼바다거북을 파도와 파도 사이의 물결에 방류해 바다로 돌려보내는 방식입니다.</u> 이 방식은 바다거북을 알부터 새끼바다거북까지 무사히 성장시킬 수 있는 반면, 큰 문제점이 지적되고 있습니다.

〈문제 1〉 생물을 분류할 때 바다거북과 가장 가까운 생물을 골라 기호로 답하시오.

　　ㄱ. 참개구리　　ㄴ. 영원　　ㄷ. 일본 장수도롱뇽　　ㄹ. 돗물뱀
　　ㅁ. 일본 도마뱀붙이

〈문제 2〉 갓 부화한 새끼거북은 온도가 올라가면 활동이 둔해진다고 합니다. 이것은 새끼거북에게 어떤 이점이 있다고 생각합니까? 적절한 답을 골라 기호로 답하시오.

ㄱ. 차가운 바닷속 생활에 미리 적응할 수 있다.

ㄴ. 생존에 불리한 여름에 부화하는 경우가 없어진다.

ㄷ. 포식자가 많은 낮시간에 모래에 나오는 경우가 없어진다.

ㄹ. 산란 둥지 안의 온도가 일정 이상으로 올라가지 않게 된다.

〈문제 3〉 바다거북은 산란할 때 암수가 아직 결정되어 있지 않습니다. 바다거북의 암수는 산란 둥지 안의 온도에 의해 결정됩니다.

(1) 그림 2는 산란 둥지 안의 온도와 그 산란 둥지에서 나온 새끼거북 중 암컷 새끼거북의 비율을 나타낸 것입니다. 그림 2를 기본으로 생각했을 때 바다거북의 성은 몇 ℃ 이상 되어야 암컷이 된다고 생각합니까? 그 온도를 적으시오.

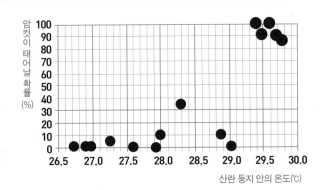

〈그림 2〉 산란 둥지 안의 온도와 암컷이 태어날 확률

※ Maxwell et al.(1998)을 기반으로 작성

(2) 오키나와의 모래사장은 산호의 사체가 부서져 만들어진 산호모래이므로 부화한 새끼거북의 성은 오키나와의 모래에서는 수컷이 많지만 혼슈섬의 모래에서는 암컷이 많습니다. 산호모래인 오키나와의 모래사장에서 수컷 새끼거북이 많이 태어나는 이유를 답하시오.

〈문제 4〉 먼바다에 나온 새끼거북은 해류를 타고 이동합니다. 그동안 새끼거북은 프렌지 상태와 반대로 앞발과 뒷발을 거의 움직이지 않습니다. 이것은 새끼거북에게 어떤 이점이 있을까요? 적절한 답을 골라 기호로 답하시오.

　ㄱ. 포식자에게 발견되기 어렵다.

　ㄴ. 먹이를 발견할 가능성을 높여준다.

　ㄷ. 높은 체온 상태를 유지할 수 있다.

　ㄹ. 목적지에 확실히 도착할 수 있다.

〈문제 5〉 지문의 밑줄 친 부분처럼 새끼거북을 어느 정도까지 키운 후 방류하면 새끼거북은 어떤 위험에 노출될까요? 지문을 잘 읽고 답하시오.

2017년 시부야 교육학원 시부야 중학교
(기출문의 일부를 편집해 이 책의 용도로 개정했음)

독서는 생각하는 힘의 토대다

: 난이도를 너무 높이지 말고 아이가 읽고 싶어하는 책을 읽게 해준다

TV나 인터넷 동영상처럼 보고만 있어도 저절로 정보가 들어오는 것과 달리 책은 자기 나름의 독해력이 필요하다. '부슬부슬 비가 내린다.'라는 문장이 있다고 가정할 때 구체적 상황에 대한 화면이 없으므로 스스로 상상할 수밖에 없다.

이처럼 독서는 아이들에게 생각하는 힘을 키워주는 최고의 도구이지만 오늘날 아이들은 활자에 익숙하지 않다. 그들에게 독서습관을 붙여주고 싶다면 아이가 흥미를 갖고 읽고 싶어할 만한 것을 주는 것이 가장 좋다. 갑자기 《파브르 곤충기》와 같은 고전을 읽으라고 시켜도 곤충에 흥미가 없다면 처음부터 싫다고 말할 것이다. 그런 아이에게 책은 결국 따분한 대상으로 부정적인 인상밖에 남지 않을 것이다. 우선 활자에 대한 저항 극복을 목표로 아이가 읽고 싶어할 만한 것을 최우선으로 골라주자. 독서를 생활화하는 것은 정말 쉽지 않다. 막연히 한 달에 한 권 독서를 하겠다고 결정하면 하루 하루 미뤄지는 경우가 자주 발생한다.

따라서 처음에는 아이가 읽고 싶어하는 책을 읽을 장소와 시간, 당일 읽어야 할 페이지 분량을 정해주어 습관이 몸에 배도록 이끌어주고 차츰 아이 스스로 자율적으로 해나가도록 하는 것이 바람직하다.

경험의 양과 생각하는 힘은
비례한다

도대체 생각하는 힘이란 무엇일까? 뭔가를 상상하는 힘은 듣기는 좋지만 무엇을 어떻게 상상해야 할지 불분명하다. 나는 다양한 선택지 중에서 올바른 답을 골라내는 힘에 가깝다고 생각한다. 무에서 즉 0에서 1을 만들어내듯 새로운 아이디어를 생각해내는 것은 어른에게도 힘든 일이다.

대부분 아이디어는 과거에 배운 지식과 다른 것에 대한 지식을 효과적으로 연결한 것에 지나지 않는다. 또는 몇 가지 경험 중 'A가 잘되지 않았으니 분명히 B나 C일 거야.', 'B로도 잘되지 않았으니 아마도 C일 거야.'처럼 차근차근 해답을 찾아가는 것도 아이디어다. 이렇게 과거 경험의 연결이나 취사선택이 바로 생각하는 힘이다.

즉, 경험을 쌓는 것이 생각하는 힘의 모체가 된다는 의미다. 맛있는 요리를 만들 수 있는 요리사는 많은 재료와 조미료를 썼던 경험이 풍부하고 맛있는 요리를 먹어본 경험도 많지 않겠는가.

그러므로 평소 가정에서도 남자아이나 여자아이가 풍부한 경험을 쌓도록 해주는 것이 중요하다. 여행처럼 대단한 이벤트일 필요는 없다. 배드민턴, 캐치볼 놀이, 세차, 화장실 청소, 빨래 널기 등 가사를 돕는 것도 좋은 경험이 된다. 여기서 평소 접점이 없을 것 같은 어휘를 배우고 생각하는 토대가 된다.

식사 후 설거지도 처음 할 때는 어설펐지만 여러 번 해보면서 '아, 이렇게 하면 더 효율적이구나!'라고 아이 나름대로 체득하고 깨닫는다. 이렇게 일상 속에서 쌓은 경험이 완전히 다른 상황에서도 생각의 도구가 된다.

남자아이의 잘못은
도중에 지적하지 않는다

수학 문제를 풀 때도 남자아이와 여자아이는 풀이 과정이 다르다. 여자아이는 지우개를 많이 써 프린트물이 너덜너덜해지는 것을 싫어해 우선 머릿속에서 이런저런 풀이 방향을 생각한 후 '그러니까 대략 이렇게 하면 된다.'라는 것이 보인 후에야 연필로 적기 시작하고 깔끔히 적는다. 반면, 남자아이는 일단 손을 움직여 '앗, 틀렸다', '어, 또 틀렸네.'라며 여러 번 썼다가 지우는 시행착오를 반복하며 정답을 찾는다.

그 모습을 바라보는 입장에서는 좀 생각한 후에 손을 움직여보라고 충고해주고 싶지만 꾹 참는다. 남자아이에게는 잘못을 즉시 지적하지 말고 본인이 알아차렸을 때 다시 생각해보도록 지도해야 한다. 가능하면 틀린 증거를 남겨두는 것이 좋다.

계산에서 틀렸다면 틀린 식을 지워버리지 말고 프린트물의 다른 여백에 다시 계산시키면 틀린 부분이 명확해진다. 불가능이 가능으로 바뀌는 과정을 눈으로 보는 것이니 자신감으로도 연결된다. 도중에 강사나 부모의 충고가 있었더라도 남자아이는 자기 힘으로 해내고 싶어 하는 존재이므로 그 문제가 풀렸다는 증거는 남겨두는 것이 좋다. 어쨌든 남자아이는 요령이 없으므로 생각하는 힘을 키우려면 이런 촌스러운 작전도 필요하다.

테스트로 실천력을 연마한다

: 효율적인 아웃풋에 필요한 '익숙함'

어른들의 상상 이상으로 아이들은 아웃풋을 잘하지 못한다. 문제를 풀 재료는 많지만 그것을 사용하는 실천력이 미약하다는 의미다. 아이들의 두뇌는 변비 상태다. 그들은 들어온 것은 알지만 어디 있는지 잊어버려 꺼낼 수 없는 상태다.

사립 중학교 입시에서는 주어진 시간 안에 필요한 지식을 매우 효율적으로 뽑아내야 한다. 그러려면 익숙함이 필요하다. 평소 모의고사를 많이 치러 인풋된 지식을 아웃풋하는 연습을 쌓게 하자. 모의고사에서는 단순히 점수가 올랐는지 여부로 일희일비하지 말고 남자아이나 여자아이의 내면에서 아웃풋할 힘에 변화가 생기고 있는지, 높은 효율로 필요한 지식을 꺼낼 수 있는 경험이 쌓이는지에 주목해야 한다.

생각하는 힘은 처리능력과 함께 커진다
: 격차를 만드는 시간관리와 처리능력 속도

생각하는 힘의 대척점에 처리능력이 있다. 비즈니스에서도 훌륭한 아이디어 제안에 뛰어나거나 척척 업무를 해내는 사람도 있다. 단, 생각하는 힘이 있는 어른은 대부분 처리능력도 뛰어나 필요할 때 이리저리 쓰는 경우가 많은 것 같다.

한쪽 능력이 출중하지 않다면 둘 다 필요한 것이 어른들의 사회다. 스포츠 세계도 마찬가지로 축구 전술이 아무리 뛰어나더라도 자신에게 패스된 공을 정확히 컨트롤할 수 없다면 시합에서는 쓸모없는 선수가 된다.

그런데 아이들은 생각하는 힘이 있더라도 처리능력이 없어 입시에서 좋은 결과를 얻지 못하는 안타까운 경우가 종종 있다. 제대로 했다면 잘했을 거라며 후회하는 것이 아이들이다. 그들은 시간 관리와 일

처리에 서툴다. 애당초 대부분 남자아이는 둘 다 잘하지 못한다.

하지만 반대로 생각해보자. 남자아이는 시간 관리와 일 처리 능력을 몸에 익히면 남보다 앞설 수 있다. 그리고 처리능력은 후천적으로 익히기도 쉬워 생각하는 힘보다 훨씬 공평하게 커질 기회도 있다.

나다중학교 입학시험은 이틀 동안 치러진다. 첫날은 참고서에 실려 있을 것 같은 문제를 재빨리 푸는 처리능력만 물어보고 이튿날은 생각하는 힘을 평가한다. 이 대척점 능력의 합계점수로 당락이 결정된다. 다른 일반 중학교 입시에서는 다소 애매하게 2가지 요소가 섞여 있다. 어쨌든 주어진 시간 안에 필요한 것을 확인하고 처리하는 미션을 해결하지 못하면 불합격이다.

그러므로 생각하는 힘만 따지지 말고 처리능력을 익히게 하는 것도 중요하다. 모의고사 등으로 경험을 쌓아도 좋고 부모가 정한 시간 안에 몇 문제를 풀게 해 시간 배분과 처리 상태를 피드백해주는 것도 좋을 것이다.

스스로 결정하게 해 일부러 후회하게 만든다

: 생각하는 힘이 있어도 결단할 수 없다면 무의미하다

생각 과정을 거칠 때 가장 중요한 것은 결단이다. 비즈니스에서도 생각하고 또 생각해 '그래, 이것 말고는 없어.'라고 생각하더라도 최후의 결단을 내릴 수 없다면 그때까지 생각한 의미는 사라지고 만다.

그런데 집단 의사를 중시하는 일본 사회에서는 어른조차 결단은 매우 힘드니 아이에게는 말할 것도 없이 더 큰 일이다. 그렇다고 그 중요한 결단을 아이로부터 뺏으면 안 된다. 사립 중학교 입시에서 문제를 푸는 도중은 물론 아이들의 장래에서도 의사결정을 할 때 속도는 매우 중요하고 이런 힘은 경험을 쌓지 않으면 익힐 수 없다. 미로에서 노는 아이에게 사사건건 "그쪽이 아니야."라고 말한다면 어떻게 되겠는가?

아이는 길을 선택할 결단의 기회가 없을 것이다. 설령 잘못된 길이더라도 아이가 그 길을 가겠다고 결단했다면 지켜봐 주어야 한다. 강물에 빠져 생명이 위험하다면 모르지만 많은 시간을 들였고 아이 자신이 너무 지쳐 쓰러질 정도에서 끝났더라도 그 자체는 중요한 경험이 되기 때문이다.

특히 자기 힘으로 정하고 싶어하는 남자아이에게는 부모가 의사결정에 너무 관여하면 안 된다. 하지만 현실에서는 지나치게 관여하는 부모가 많다. 패밀리 레스토랑에서도 아이가 "오믈렛으로 할래요."라고 말하는데도 "지난번에도 그거 먹었잖아. 다른 거 먹어."라거나 "햄버거 세트에 채소가 다양하게 딸려오네."라며 부모의 의견을 내는 모습을 자주 볼 수 있다.

그러지 말고 아이 스스로 정하게 하고 "아, 엄마가 주문한 햄버거 세트가 더 맛있어 보인다."라고 후회하게 하는 것이 낫다. 절대 금물은 무엇이든 부모가 정하고 "그것 봐! 엄마가 시킨 대로 하니 좋잖아."라고 재확인하는 것이다. 이렇게 하면 아이 자신의 결정하는 힘은 전혀 자라지 않는다. 최근 자신의 배뇨 타이밍을 모르고 얼마나 참을 수 있는지조차 몰라 너무 불안해 화장실에 자주 가는 남자아이와 여자아이가 늘고 있다. 반대로 옷에 실수하는 아이도 있다. 이것도 어머니가 "이제 화장실에 가야지."라고 일일이 지시하며 키웠기 때문이다.

화장실에 갈 타이밍은 엄마가 정해주는 것으로 믿는, 개그 소재조차 되지 못하는 아이가 늘고 있다. 자녀가 5~6명이던 시절에는 엄마가 바빠 도저히 그런 것을 파악할 수 없어 아이들은 옷에 싸버리고 그 부끄러운 경험에서 스스로 화장실에 갈 타이밍을 잡았지만 오늘날은 자녀 1

명에 여러 어른이 붙은 형국이다.

엄마뿐만 아니라 아빠, 할아버지, 할머니도 "지금쯤 화장실에 가야지?"라고 말해주므로 아이 스스로 결정할 능력을 잃은 것은 당연하다. 이런 시대이므로 부모는 더 굳건한 의지를 갖고 아이에게 굳이 알려주지 않는 테크닉을 써야 할 것이다.

공부하는 방법도 아이가 결정하게 한다
: 남자아이의 요령 없음을 흥미롭게 바라보는 정도가 딱 좋다

공부 방법도 최종적으로 아이가 결정하게 하자. 남자아이는 가만 놔두면 좋아하는 것만 하려고 하므로 공부 방법에 대한 부모의 충고는 필요하다. 단, '이렇게 해야 해.'라며 일률적으로 정해진 틀에 맞추려고 하지 말고 몇 가지 선택지를 준비해 아이 스스로 고르게 하는 유연한 방법을 찾아보자. 반드시 내일까지 해야 할 3가지 숙제가 있다고 가정하자. 아이에 대해 잘 아는 부모는 싫어하는 국어부터 시켜야 한다고 생각하더라도 그렇게 말하지 말고 "모두 끝내야 하는 것들이네. 그럼 뭐부터 시작할래?"라며 아이가 정하게 한다.

아마도 아이는 좋아하는 수학부터라고 말하고 금방 끝낼 수 있는 '누워 떡 먹기'라는 듯 스마트폰을 만지작거리다가 드디어 남은 2가지 숙제도 시작하지만 모두 예상했듯이 시간은 부족해지고 아이는 초조해

지기 시작한다.

그때 비로소 부모는 "이런, 그러니까 다음부터는 국어부터 해버리는 것도 좋을 것 같네." 정도로 충고해주는 것이다. 남자아이는 뇌 구조 때문에 뭐든지 스스로 결정하고 싶어하지만 요령이 없어 자신이 정한 것도 별로 잘하지 못한다. 하지만 여러 번 시행착오를 거쳐야만 해결할 힘도 생긴다. 부모는 이 시행착오를 못하게 하지 말고 아이가 필요하다고 말할 때 슬쩍 도와주는 정도가 좋겠다.

You can do it

제4장

성적이 쑥쑥 오르는
남자아이의 목표 · 계획 세우기

: 천진난만한 마음을 움직이는 13가지 테크닉

남자아이는 여자아이보다 계획을 세워 공부하는 자기주도학습을 잘하지 못한다. 사물의 전체 모습을 잘 조감하지도 못하고 자기분석도 어설프다. 하지만 일단 마음에 불이 붙으면 상상을 초월하는 힘을 발휘한다. 이번 장에서는 눈앞의 일에 전력질주하는 남자아이의 특성을 살린 로드맵을 짜는 법을 소개한다.

남자아이에게는 계획 이상의 힘이 있다

: 너무 세세한 계획은 남자아이의 성장 잠재력을 망친다

공부 잘하는 아이들을 보면 남자아이와 여자아이의 계획 세우는 법이 완전히 다르다는 것을 알 수 있다. 여자아이는 스스로 야무지게 계획을 세우지만 남자아이는 그렇지 못하다. 스스로 계획을 짜보라고 남자아이에게 시켜보면 정말 이상하게 해온다. 그런데도 남자아이는 좀 서툴러 그 이상한 계획에 휘둘린다.

그러므로 남자아이에게는 계획이라고 부를 정도의 거창한 것을 요구하지 말고 대략 첫째 달의 목표를 정했다면 눈앞의 미션을 하나씩 해내 매일 열심히 노력하는 정도면 된다. 너무 세세한 계획을 세우게 하면 성장 잠재력을 망칠 수도 있다. 여자아이와 달리 남자아이는 1~2주 단위나 1~2일 단위로 했더니 괄목할 만큼 성장한 경우도 있다.

계획을 크게 상회하는 자신과 크게 하회하는 자신, 양쪽 모두 가진

존재가 남자아이니 세세한 계획은 무의미하다는 뜻이다. 그런데 부모는 이런 행동을 해버린다. 방학이 되면 부모가 빽빽한 계획을 세워놓고 '이대로 해!'라며 아이에게 명령한다.

　남자아이는 가만 놔두면 좋아하는 것만 하려고 하므로 부모의 컨트롤은 필요하다. 하지만 내가 제시하는 방식은 아이를 계획에 칭칭 얽어매지는 않지만 매달 지향하는 목표를 제시하거나 매일 공부 시간을 약속하는 정도로 하고 나머지는 자유롭게 자신이 하고 싶은 것을 하게 한다. 우리 학원의 수업 내용 중 예가 나와 있다. 여자아이의 경우, 이 표에 따라 계획적으로 공부하고 그 날 예습도 해두지만 남자아이는 당일이 되어서야 '오늘은 뭐가 있었더라?'라며 느긋이 확인한다. 하지만 그때마다 집중하면 결과는 따라오니 그렇게 해도 된다.

　너무 무계획적이고 천진난만한 남자아이를 지켜보면 특히 누나를 둔 가정에서는 '누나는 알아서 계획적으로 공부했는데 얘는 왜 이럴까?'라며 불안해질 수도 있을 것이다. 하지만 그런 것도 남자아이가 맨 마지막에 끌어올리는 힘을 배울 중요한 시행착오다. 오히려 기대하고 지켜봐주자.

	예정	과목	내용		예정	과목	내용
8:00	자습 (예습·복습)	사회	지리 (국내의 공업)	16:00	휴식		
8:30		과학	생물 (식물의 탄생)	16:30	수업	국어	독해 연습 (수필)
9:00	수업	수학	서술문제 (도형의 면적· 각도)	17:00			
9:30				17:30			
10:00				18:00			
10:30				18:30			
11:00			서술문제 (비율과 비)	19:00			
11:30				19:30			
12:00	점심 식사 휴식			20:00			
12:30				20:30			
13:00	수업	과학	지구과학 (천체)	21:00	자습 (예습·복습)	사회	역사 (연대 암기 등)
13:30				21:30			
14:00				22:00		국어	한자 학습
14:30		사회	역사 (근대 사회)	22:30			
15:00				23:00			
15:30				23:30			

스케줄 속에
완충지대를 짜 넣는다

남자아이나 여자아이의 공부 계획은 전혀 여유가 없게 짜면 안 된다. 요즘 아이들은 무척 바쁘다. 아무것도 안 하는 시간은 거의 없다. 학습학원뿐만 아니라 스포츠나 악기 등을 배우러 학교에서 돌아오자마자 다시 집을 나선다. 나이를 반영한 수용력으로 바꾸어 생각해보아도 비즈니스맨보다 훨씬 빽빽한 일정을 소화하고 있다.

여기에 추가해 입시공부 계획까지 빈틈없이 꽉 채워 넣으면 당장 펑 터질 위태로운 풍선이 되지 않겠는가. 완충지대 없이 계획이 하나라도 밀리면 대처할 수 없다. 이 점은 어른들의 비즈니스도 마찬가지다. 유능한 사람은 사건이 발생했을 때 처리할 수 있는 여유를 당연히 고려한다. 남자아이와 여자아이에게도 이런 여유가 필요하다.

근거 없는 자신감이 최강의 무기가 된다

: 천진난만한 목표는 한계를 뛰어넘는 엔진

초등학생 시절 남자아이는 정신연령이 낮아 사물을 넓게 조감하지 못한다. 뒤집어 말해 아직 천진난만해 자신의 가능성을 믿어 의심치 않는다고 할 수 있다. 선수처럼 열심히 축구 경기를 했더라도 고교생쯤 되면 아무리 열심히 해도 자신이 메시나 호나우두처럼 될 수 없다는 것을 알지만 초등학생은 그렇지 않다. 공부도 마찬가지다.

남자아이는 가이세에 들어가 도쿄대 리삼(理三)(이과삼류(理科三類)가 정식 명칭으로 도쿄대 의대를 지칭)을 졸업하고 유능한 의사가 되겠다고 결심한다. 전혀 근거 없는 이 자신감을 보면 부모도 뭐라고 할 수도 없고 곤란하지만 관점을 바꾸면 이것은 무한한 가능성이라고 할 수 있다. 그래서 근거 없는 이 자신감이야말로 남자아이의 성적을 올리는 가장 중요한 무기다. 이에 대해 그런 꿈같은 소리 할 때냐며 자신의 현실이나 잘 보라며 밀어붙이면 잠재적 가능성까지 망치고 만다.

　　물론 남자아이도 고등학생이 되면 도쿄대 리삼은 역시 무리임을 깨닫기 시작하겠지만 초등학생 시절의 근거 없는 자신감을 무기로 난관을 돌파한 경험이 있는 남자아이는 결과적으로 크게 성장할 수 있으므로 입학이 '하늘의 별 따기'라는 여러 학교 중 어디든 무난히 합격할 수 있을 것이다. 천진난만하게 자신의 가능성을 믿는 초등학생 남자아이에게 "더 현실적이 되어라. 이 숫자를 봐!"라며 회사 부하 직원에게나 퍼붓는 말을 하면 안 된다.

눈앞에 당근을 보여주어
전력 질주하게 한다

남자아이에게 너무 세세한 계획을 세우게 하는 것이 바람직하지 않은 이유는 목표와 현실 사이의 괴리에 있다. 근거 없는 자신감을 품은 남자아이는 앞뒤 가리지 않고 이런저런 목표들을 말한다.

"억만장자가 될 거야."

"서울대를 수석 졸업할 거야."

"노벨 물리학상을 탈 거야."

"미국 메이저리그 야구선수가 될 거야."

"슈퍼 로봇을 개발할래."

"엄청난 인싸가 될 거야."

이것들보다 더 지리멸렬한 것도 포함해 남자아이들이 정말 입에 올리는 이런 목표는 90% 이상 이루어지지 않는다. 즉, 달성 가능성이 없는 목표를 역산해 지금 계획을 세워도 계획대로 하느라 바쁘기만 할 뿐 시간만 허비하는 것과 같다.

한편, 맨 처음부터 실현 가능한 목표를 제공해도 남자아이는 엔진을 켜지 않는다. 아이인 동시에 '남자의 로망'을 품어서인지도 모르겠다. 그렇다면 그것을 이용하면 어떨까?

어른 입장에서는 터무니없는 목표더라도 근거 없는 자신감 덕분에 '그런 사람처럼 된' 아이에게는 지금 아드레날린이 솟구치고 있다. 이때 공부를 집어넣으면 성적도 저절로 쑥쑥 올라간다. 흥분한 말의 눈앞에 당근을 보여주는 것과 같다. 당근을 계속 잘 보여줄 것인가 아니면 말도 안 된다며 뺏을 것인가. 당연히 말은 당근을 볼 때 더 잘 달린다.

분위기를 탄 로드맵을 그린다

: 남자아이는 자신의 단점에 눈을 감고 장점에 주목한다

"이번에는 좀 실수해서 그래."

"시간이 좀 부족했을 뿐이야."

모의고사 점수가 낮은 과목에 대해 남자아이는 대부분 변명한다. 아니, 변명이라고 단정하는 것은 어른이고 남자아이 자신은 정말 그렇게 생각한다. 그들은 80점을 받은 과목에 대해서는 자신이 정말 대단하다며 한껏 자신감을 높이고 40점밖에 못 받은 과목에 대해서는 좀 실수했을 뿐이니 점수를 올릴 시간은 아직 있다며 자기 편한 대로 해석한다.

자신의 단점에 눈길이 더 가는 여자아이들과 달리 기분이 좋아지는 부분에 주목하는 존재가 남자아이다. 이런 남자아이의 축하할 만한 멘탈은 지도하는 선생님 입장에서는 매우 편한 면이 있다. 남자아이의 입시 성공 여부는 어떤 방식으로 분위기를 탄 로드맵을 그릴 수 있는가에 달려 있다. 남자아이들의 대반은 자신이 잘하는 부분을 소중히 여긴다.

그래서 이제야 수학을 좀 잘하게 되었는데 못하는 국어 때문에 시험에 실패하면 정말 아깝겠다고 생각한다. 이 점을 자극해주면 그 무거운 엉덩이를 움직여 못하는 과목도 공부하려고 한다. "너는 수학에 정말 강하구나. 그렇다면 이번에는 국어에서도 70점을 받을 수 있겠네." 이렇게 격려와 응원을 하는 것이다.

한편, 소수지만 잘하지 못하는 것에 초점을 맞추면 맹렬한 도전정신이 생겨 극복해내는 남자아이도 있다. "이런, 국어가 40점이네. ○○야, 다른 건 잘하는데 이건 좀 아깝네, 아까워!" 결국 같은 것을 노리고 하는 말이지만 정반대로 접근하는 것이다.

어느 쪽이 효과적일지는 남자아이의 성격에 따라 다르겠지만 전자 80%, 후자 20%라고 말할 수 있을 것이다. 우리 아이가 어느 쪽인지 차분히 따져보길 바란다.

약점을 극복하는
긍정적 접근

남자아이든 여자아이든 자신이 잘하는 분야와 못하는 분야가 있다. 특히 남자아이의 경우, 과목별 성적이 들쭉날쭉할 때가 많다. 단, 뭔가에 강점이 있다는 말은 성적 향상 프로세스를 알고 있다는 점이다.

그 프로세스에 다른 과목도 끼워 딱 들어맞으면 잘하는 분야는 더 오르고 못하는 분야도 극복하게 된다. 남자아이들이 싫어하는 국어도 정서와 같은 감정적 접근이 아니라 수학과 같은 논리적 접근이 가능하다. 긴 문장을 정서적으로 읽어내려고 하지 말고 부분으로 나누어 '여기까지 A라고 하고 여기부터 여기까지는 B라고 하고 나머지는 C라고 하자. 그럼 A와 B는 반대를 말하고 C는 A에 가까운 지점으로 돌아가 결론을 내고 있네. 아하!'처럼 조금이라도 수학 공식처럼 생각하는 방식으로 바꿔주는 것이다.

이 방법으로 국어를 못한다는 생각이 조금 엷어지면 국어에 대한 접근방식도 바뀔 것이고 좋은 결과도 따라오는 것을 자주 목격했다. 실제로 저자가 호소하는 것을 묻는 문제는 논리 퍼즐을 풀어나가라는 뜻이다. 원래 하나의 답으로 정리할 수 없는 것을 일정 패턴에 근거해 문제화했기 때문에 국어도 공식이 있는 것이다.

반대로 수학을 잘하지 못하는 아이는 그 공식에 대한 거부반응이 강하므로 문제 풀이 과정을 너무 논리적으로 하지 말고 정서적 언어로 바꾸어 설명해주면 잘할 것이다. 잘하지 못하는 과목에 들이는 시간 배분도 부모가 아이와 함께 고려해야 한다. 4개 과목이니 시간도 균등하게 나누면 된다고 단순히 생각하지 말고 아이의 실력에 따라 잘하지 못하는 과목에 70%, 나머지에 10%씩 등 다양하게 생각하면 좋겠다.

어쨌든 아이는 로봇이 아니므로 어른이 생각하는 이상적인 배분에 집착하면 실패한다. 정리하면 아이가 잘하지 못하는 과목에 긍정적으로 덤벼들어 성적이 오르면 되겠다.

눈앞의 작은 성취감을
차곡차곡 쌓는다

남자아이에게는 장기계획을 세우게 하지 말고 매일 눈앞의 것을 해내는 데 승부를 걸게 하자. 눈앞의 한 가지를 끝내면 매우 조금씩이더라도 앞으로 전진한다. 어제보다 오늘은 더 전진해 있을 것이고 오전보다 오후에는 더 전진해 있다.

이처럼 1분 전의 것이 2분 후에는 완결되었다는 작은 성취감이 남자아이의 동기가 되어 다음 날에도 전날처럼 눈앞의 것을 끝내려고 한다. 이런 식으로 반복하다가 문득 생각해보니 꽤 성장한 방식이 남자아이에게 적합하다. 비즈니스에서도 너무 명확한 장기계획을 세우면 숨이 콱 막혀 압박을 느낀다. 그런데 눈앞의 일을 처리하느라 정신없이 바빴는데 어느새 잘 끝난 업무도 있지 않은가. 남자아이에게는 눈앞의 것을 처리하는 방식으로 하자.

장기계획보다 해야 할 양을 정한다

: 지금 해야 할 것이 남자아이의 마음에 불을 붙인다.

남자아이에게는 계획보다 해야 할 양을 의식시키는 것이 좋다.

'이번 주에는 영어 단어를 매일 30개씩 적는다.'
'오늘은 수학 계산 문제 20개를 푼다.'

이처럼 숫자로 지금 해야 할 것을 알게 하고 차곡차곡 쌓으면 남자아이의 학습 능력은 향상된다. 나는 공부에 감정을 이입시키지 말라고 종종 주문한다. 기분에 좌우되지 않은 채 해야 할 일을 무덤덤하게 수행하는 감각 정도면 된다.

사립 중학교 입시에 500문제가 출제된다고 가정할 때 모두 맞추면 확실히 합격한다. 실제로 그보다 적은 정답으로도 합격하지만 어쨌든 그 수준까지 도달만 하면 된다. 남자아이에게는 합격 기준이 될 숫자를 매일 해야 할 일로 정하는 습관이 반드시 필요하다. 특히 방학을 맞은 아이들에게는 빈 노트를 한 권씩 주어 당일 계획 실천용으로 쓰게 하는 것도 좋은 방법이다. 아빠가 퇴근 후 아이들이 적어놓은 노트를 보면 오늘은 무엇을 했고, 하지 못했는지 한눈에 파악할 수 있다. 목표치가 기록으로 남으니 실천하지 못해 밀린 양을 아이 스스로 한꺼번에 해결하면 자신이 정한 목표를 기어코 달성했다는 성취감도 느낄 수 있다.

매일 해야 할 일을 숫자로 바꾸어 선언하게 한다
: 자기 책임이 달성해야 할 책무를 강화시킨다

　매일 해야 할 일 양을 남자아이 스스로 정하게 하자. 네가 정했으니 네가 끝내야 한다는 태도를 부모가 보일 수 있기 때문이다. 달성하지 못하는 경우도 중요한 시행착오가 될 것이다. '10개는 욕심이었나? 이번에는 8개를 해볼까? 그 정도는 당연히 할 수 있을 거야.'

　이처럼 스스로 피드백하면서 조정과 설정은 매우 중요한 작업이므로 부모가 결정해 시키면 안 된다. 최근 비즈니스에서도 직원 스스로 매출 목표를 선언하는 방법이 채택되는 추세다. 이전처럼 상사 마음대로 목표를 세우고 직원이 달성하지 못하면 질책받을망정 '무리였습니다.'라고 말하는 자신에 대한 괴로움은 없지만 자신의 선언에 대해 무리였다고 말하기에는 다소 괴로워 스스로 신경 쓰며 주체적으로 노력하고 연구하는 것이다.

남자아이도 그렇게 해야 하고 완수하려고 노력하고 연구하는 경험이 남자아이의 긴 인생에서 큰 의미가 있다. 부모가 일정한 방향성을 보이거나 아이와 함께 생각할 수는 있지만 초등학생도 결국 자기 책임을 져야 한다. 입시는 선생님이나 부모가 하는 것이 아니다. 남자아이 자신을 위해 하는 것이다. 남이 대신해주는 것이 아니다.

　　남자아이에게 이 점을 확실히 인식시키려면 자신이 선언하는 것이 가장 바람직하다. "○○중학교에 가고 싶다. 그래서 공부한다. 학원에 다니고 ○○중학교에 합격하기 위해 공부한다." 우선 이렇게 대략적인 선언을 확실히 하고 부모와 아이가 공유하고 매일 해야 할 일도 "오늘은 ○○을 ○개 한다."라고 구체적인 숫자를 넣어 선언하고 공부를 시작하게 하자.

먼저 취침 시간과
기상 시간을 정한다

자신이 정한 것을 남자아이가 지키게 하려면 맨 먼저 할 일은 취침 시간과 기상 시간을 정하는 것이다. 이것을 남자아이 스스로 결정해 지키게 하자. 밤 11시에 자고 아침 6시에 일어나겠다고 선언했지만 학원에서 돌아와 밥 먹고 잠시 만화를 보면 벌써 밤 10시 반이다.

"앗, 숙제가 있었네. 시간 안에 못 끝내겠네."
"목욕을 안 하면 엄마한테 혼날 텐데….."

그럼 이미 취침 시간은 지킬 수 없다. 취침 시간이 늦어지면 기상 시간도 지킬 수 없다. 선언한 지 하루 만에 파국이 온 것이다. 남자아이가 이 기본을 지키기는 매우 어렵다. 그러므로 맨 먼저 취침 시간과 기상 시간을 정하고 숙제 시간과 게임을 하며 쉬는 시간 등 세세한 깃은 앞 계획들을 보아가며 집어넣어야 정리된다.

엉망진창이더라도 맨 먼저 이리저리 수정해가면 점점 지킬 수 있게 된다. 1주일 동안 이것이 지속적으로 지켜지면 공부 리듬도 완성되었다는 의미다. 반대로 시간이 지나도 취침 시간과 기상 시간을 지킬 수 없다면 매일 해야 할 공부도 변함없이 기분에 좌우된다는 증거다.

상대적 목표, 절대적 목표 2가지를 세운다
: '○○을 이기겠다'와 '300문제'가 목표를 최적화한다

세세한 계획은 남자아이에게 부적합하지만 6학년 가을 이후부터는 방침을 바꾸어야 한다. 이 시기가 되면 목표설정과 수행 과정 반복밖에 없기 때문이다. 매달 목표를 설정하고 계획적으로 수행해야 한다.

구체적으로 상대적 목표와 절대적 목표 2가지로 접근하는 것이다. 상대적 목표는 '평균치를 얼마까지 높일 것인가?', '○○을 이기고 싶다.'처럼 기준 수치나 상대방을 정하는 것이다. 절대적 목표는 영어 단어 500개 적기나 계산 문제 300개 풀기처럼 주변과의 비교가 아니라 자신과의 싸움을 의미한다.

그 후 이 목표들은 아이 자신의 목소리로 선언하게 한다. 맨 처음에는 변함없이 달성할 수 없을 것 같은 목표를 말하는 아이도 있다. 반대로 소수지만 너무 쉬운 목표를 정하는 아이도 있다. 하지만 너무 쉬

운 목표를 정하면 지망 학교에 합격할 수 없다. 이처럼 6학년 가을이 되면 입시 때가 가까워지므로 느슨한 목표설정으로는 안 된다는 것을 스스로 의식해 현실적인 최적의 목표를 찾아가는 작업은 필수다.

이렇게 하다 보면 격차를 도저히 메울 수 없음을 깨닫고 지망학교를 하나씩 압축해간다. 또는 '○○중학교에 가고 싶지만 이대로는 안 되겠어. 당분간 게임하지 말고 공부 시간을 늘려야지.'라며 아이 나름대로 궁리하기 시작한다. 그 과정에서 운동클럽 활동 지속 여부도 고민하고 결정할 것이다.

결국 지망학교는 부모가 아닌 아이 스스로 정하는 것이다. 마지막으로 상대적 목표와 절대적 목표 2가지를 세우게 하는 것은 균형 측면도 있지만 2가지 중 하나는 달성 가능성이 높기 때문이다. 하나뿐인 목표를 달성하지 못하면 자신감을 잃거나 달성 실패가 두려워 기존 목표를 점점 낮출지도 모른다. 그럼 지망학교 수준도 낮아진다.

학습일기로 자신과 만난다
: 자기분석과 언어화 정도는 평균치에 나타난다

6학년 가을이 되면 우리 학원에서는 자신의 목표와 달성도 등을 일기 형식으로 기록하는 작업이 시작된다. '자신의 현재 상태, 고민, 성적 등 무엇이든 기록하십시오.'라는 A3 사이즈의 노트를 배부하고 자유롭게 적게 하고 있다. 학생과 강사만 볼 수 있는 교환일기에 가깝다. 입으로 말하는 것뿐만 아니라 손으로 적고 다시 읽을 수도 있는 일기는 자신과 만나는 재료다. 중학생이 되면 사춘기 특유의 반항심도 있어 이런 일기는 점점 기능을 못 하지만 아직 자신과 잘 만나지 않는 초등학생 단계에서는 매우 효과적이다.

A3 사이즈의 큰 노트를 쓰는 것은 학생 마음대로 자유롭게 기록하게 하기 위해서지만 결과적으로 아이의 상태가 잘 파악되기 때문이다. 깊은 사기분석이 되는 아이는 다양한 것을 적고 잘되지 않는 아이는 겨

우 몇 줄로 끝난다. 그 질적 차이는 평균차라고 할 수 있다.

그리고 가끔 부모가 이 노트에 코멘트를 남기는 경우가 있다. 아이 대신 '○○이 잘되지 않는다.'라고 분석한 글인데 그 분석은 대부분 우리 강사의 의견과 일치한다. '부모인 저는 우리 아이의 상태를 잘 알고 있습니다.'라는 표현은 이해할 수 있지만 무의미한 행동이다. 아이도 자신과 어른들의 의견 일치 여부만 볼 뿐 강사와 부모의 의견 일치를 확인해도 자신이 움직이지 않으면 아무 변화도 일어나지 않기 때문이다.

이 노트의 역할은 스스로 일깨우는 것이다. 어른이 이래라 저래라 지시하기 위한 것이 아니다. 가정에서 이 노트법을 도입한다면 이 점을 절대로 잊으면 안 될 것이다.

8월 1일 화요일 NO. 15

오후와 밤에는 수열과 그래프를 중심으로 공부했다. 수열과 그래프는 단순 계산만 해서는 안 되고 기호를 이용한 계산이 중요하다는 것을 깨달았다.

8월 3일 목요일

- 교과 오전 자습 / 오후 테스트 / 밤 국어
- 감상 : 밤에 한 국어공부는 요약 중심으로 했는데 잘되지 않았다. 이번 국어수업 때 철저한 특훈을 하고 싶다.

8월 4일 금요일

- 교과 오전 자습(월간 테스트를 앞둔 마지막 예습)
/ 오후 월간 테스트 / 밤 수학(닮음)
- 감상 : 오후 월간 테스트는 국어·수학·과학·사회 과목을 잘하지 못했다.

~~~~~~~~~~~~~~~~~~~~~~~~~~~~~~~~~~~~~

(국어)
의성어와 의태어를 구별하지 못했다.
(수학)
수열 표가 어려웠다.
(사회)
맨 마지막 서술형 문제가 어려웠다.
(과학)
원소 기호 표가 어려웠다.
밤에 한 수학공부는 닮음과 도형 이동을 메인으로 했다. 도형 이동에서 통과하지 못한 부분에 주의해야겠다.

~~~~~~~~~~~~~~~~~~~~~~~~~~~~~~~~~~~~~

의 부분
특히 이 끝부분

수업 80%,
자습 20%가 황금률

구글 업무의 80%는 할당량 방식이고 20%는 직원이 자신의 관심 분야를 자유롭게 즐기며 일하는 방식이다. 내가 가르치는 방식도 이와 비슷하다. 80% 시간은 모두 해야 하는 필수학습에 쓰고 20%는 해야 할 것을 학생 스스로 생각하게 한다.

이때 각자 학습일기에 적은 내용 등을 고려하고 강사도 학생 개개인에 맞춘 과제를 부여한다. 각자 다른 20%가 있어야 80% 필수학습의 흡수력과 성장률이 향상된다. 우리가 매일 만나는 대상은 로봇이 아니라 살아있는 인간이다. 초등학생이라고 불러도 각자 다른 존재다.

자동차에 비유하면 최종적으로 조금이라도 고급인 렉서스를 지향하지만 인테리어와 부속품은 제각각이라도 상관없다는 말이다.

즉 낮은 가격대의 자동차도 개성 있게 개조해 멋진 자동차로 완성만 하면 나름대로 가치가 있으므로 나는 이 아이 저 아이를 컨베이어벨트에 올려 똑같은 모습을 갖게 할 생각은 없다. 나는 학습학원은 일식 초밥집이고 가르치는 아이들은 생선 원물이라고 생각한다. 초밥집인 이상, 생선의 종류에 따라 취급법 변경은 당연하며 나아가 당일 기온과 습도까지 신경 쓰며 섬세한 변화를 주어야 한다. 나는 매일 교실에 들어오는 한 명 한 명의 얼굴을 보면서 가르치는 방법을 유연하게 바꾸고 있다. 학부모들도 살아있는 생선을 다루는 초밥집과 같은 마음을 갖길 바란다.

You can do it

제5장

필수 4개 과목을 지배하는
남자아이 최강 공부법 25가지

: 수학, 국어, 과학, 사회 성적을 단기간에 올리는 방법

학습 능력 향상의 기본은 기초 습득이다. 그런데 이 기초 학력을 어떻게 효율적으로 배울 수 있을까? 성적을 올리려면 과목별 과제가 조금씩 다르다. 이번 장에서는 평소 가정에서 알아두면 유익한 효과적인 방법을 정리했다.

[수학]

연동성이 있으므로
단계는 건너뛰지 않는다

수학을 잘하지 못하는 중학생은 대부분 초등학교 수학에 그 원인이 있다. 초등학교 고학년 시절 이해하지 못한 수업 내용 때문이다. 이처럼 수학은 초1~고3까지 일방통행로이므로 도중에 막히면 진행이 어려워진다. 한 자리 덧셈, 뺄셈, 곱셈, 나눗셈이 되지 않으면 두 자리 문제는 풀 수 없다. 소수를 모르면 소수 방정식을 이해할 수 없다.

수학은 특히 단계를 건너뛰면 안 되는 과목이다. 그러므로 자녀의 수학 점수가 문제라면 현재 진행 중인 부분을 여러 번 복습만 시키지 말고 앞으로 돌아가 막힌 부분을 파악해 반복 학습으로 확실히 이해시키고 다시 앞으로 나아가야 한다. 멀리 돌아가는 것처럼 들리지만 단언컨대 이 길만이 왕도다.

수학은 학습시간에 비례해 평균치도 오른다
: 감각이 필요한 문제는 거의 없다

"우리 아이는 수학에 감각이 없나 봐."라며 걱정하는 학부모가 많다. 감각은 극소수 최상위 수준의 경쟁에서만 필요하다. 사립 중학교 입시와 고교 입시에서의 수학 문제는 시판 중인 참고서의 유제가 95%를 차지하며 감각이 있어야 풀 수 있는 문제는 5%뿐이다.

사실 수학은 감각과 무관해 평범한 아이가 학습 단계와 평균치를 올리기 가장 쉬운 과목이다. 수학은 국어처럼 평소 풍부한 독서량을 요구하거나 과학처럼 자연을 접한 경험이 성과를 내는 과목이 아니다. 암기 양이 현격히 적고 공부에 투자한 시간에 비례해 성적도 올리기 쉽다. 한편, 수학을 좋아하는 남자아이는 많지만 내 아이가 싫어하는 것 같다면 단지 수학공부에 투자하는 시간 부족 때문이다. 차근차근 단계를 밟아가며 착실히 학습량을 쌓으면 원하는 결과는 반드시 따라온다.

기초 실력의 계산 64단계를
순서대로 마스터하게 한다

계산 64단계는 초1~중1까지 학교에서 가르치는 내용을 내가 독자적으로 분류한 것이다. 우리 학원에 초등 3학년생이 들어왔다면 나는 우선 15단계 곱셈(두 자리×두 자리) 수준의 문제를 풀게 한다. 그 문제를 풀면 다음 단계, 못 풀면 앞으로 돌아가 그 아이의 현재 위치를 파악해 거기부터 기반을 확실히 다지며 진행한다.

이 단계들 중 어디선가 막히면 다음 단계를 이해할 수 없기 때문이다. 문부과학성 커리큘럼은 이렇게 분류되어 있지 않다. 덧셈을 했으면 뺄셈을 조금 한 후에 곱셈과 나눗셈을 하듯 넓게 대략적으로 가르친다. 그럼 학생 개개인의 확실한 이해도를 파악할 수 없고 잘하지 못하는 아이는 앞으로 진행조차 못 하지만 사립 중학교 입시가 전제가 아닌 공립 초등학교는 수업 방침 때문에 어쩔 수 없다고 한다. 산수와 수학을 잘하려면 계산 64단계 마스터는 필수다. 여기에는 연산의 원리, 성질, 활용, 감각 4가지 요소가 모두 단계별로 들어 있다. 계산 64단계를 밟아가며 연산을 하다 보면 아이가 실수로 또는 개념을 정확히 이해하지 못해 틀리는 경우가 종종 있다. 이때는 틀린 문제의 유형 위주로 집중적인 연습이 필요하다. 틀린 문제는 다시 틀리지 않도록 오답노트 즉 오답관리가 필수다.

수학의 기초 실력은
약분이다

약분은 분수의 분모와 분자를 공통 약수로 나누어 간소화하는 계산법이다. 약분은 다양한 수 문제를 더 빨리 푸는 데 매우 중요한 요소이므로 철저히 공부해야 한다. 잘하는 아이는 4/16의 분모와 분자를 4로 나눌 수 있다는 것을 처음부터 알지만 이해가 더딘 아이는 4/16를 우선 2로 나누어 2/8로 만든 후 다음 단계를 거쳐 1/4에 도달하니 더 오래 걸린다.

우리 학원 아이들은 65/91을 1~2초 안에 5/7라고 답한다. 평소 반복 학습으로 여러 숫자의 배수를 배웠기 때문에 91과 65를 13으로 나눌 수 있다는 것을 금방 알기 때문이다. 숫자 100도 10×10뿐만 아니라 2×2×5×5로 발상할 수 있는 것도 약분 능력 덕분이다. 이렇게 할 수 있으면 수학뿐만 아니라 계산이 필요한 과학에서도 신속하고 다양한 문제

풀이가 가능하다.

이처럼 약분 능력은 감각의 문제가 아니다. 평소 곱셈과 나눗셈 연습문제를 많이 풀어 숫자에 익숙해지면서 배우는 것이다. 가로세로 연산도 자주 활용하길 바란다.

비율, 속도, 비로 학력 차가 발생한다

: 확실히 짚고 넘어가야 할 '알다', '모르다'의 분기점

초등 5학년이 되면 수학 수업에서 중요한 개념인 비율, 속도, 비가 연속 등장한다. 35% OFF나 타율 3할은 비율이고 시속 70km는 속도다. 비는 남녀 비 2:3 등으로 표현할 수 있는데 모두 일상생활에서 빼놓을 수 없는 개념들이다. 새로운 개념이 한꺼번에 등장해 수학을 잘하지 못하는 아이는 도망치고 싶겠지만 분발해 공부해야 할 개념임을 기억하자.

사립 중학교 입시 수학 문제로 반드시 출제되고 이 개념이 없으면 풀 수 없는 과학 문제가 많기 때문이다. 게다가 중학교 이후 수학과 과학에서도 그 기초가 없으면 이해할 수 없는 주제가 늘어난다. 성인이 된 후 회사 업무 현장에서도 마찬가지다.

즉, 스펀지케이크에서 스펀지에 해당하는 토대이며 사립 중학교

입시를 치르지 않더라도 소홀하면 안 되는 분야다.

유토리 세대(1987~1996년 사이 일본에서 태어나 자란 현재의 20·30대다. '여유'라는 뜻의 유토리(ゆとり)가 사용된 것은 그들의 교육시간과 교과 내용이 대폭 줄고 교과 외 시간으로 '여유시간'이 도입된 유토리 교육을 받았기 때문이다. 유토리 교육은 암기 위주의 교육을 지양하고 창의성과 자율성 교육을 표방했지만 심각한 기초학력 저하와 학생 간 편차 심화로 시행 5년 만인 2007년 폐기됨)에서는 이 학습이 경시되어 그들이 주요 고객인 매장에 이상한 가격표가 내걸렸다.

예를 들어, 정가 7만 원짜리 재킷을 40% 싸게 판매하는데 정가 7만 원이라고 적힌 가격표 아래에 40% 할인, 42,000원이라는 최종 가격까지 적혀 있는 것이다. 전에는 40% 할인만 적혀 있었다. 40% 할인해 정가에 0.6을 곱한 값을 모두 금방 알았기 때문이다.

그런데 그들은 그것이 잘 되지 않으니 큰 문제가 아닐 수 없다. 일반적인 비즈니스는 가격 협상이 뒤따르기 마련이다. 고객이 15% 할인을 20%까지 내릴 수 없는지 물었을 때 매장직원이 스마트폰 앱으로 일일이 손익을 계산하면 되겠는가? 당장 쓸모없는 직원으로 전락할 것이다.

미용실 헤어디자이너가 모발 염색용 염색제를 혼합할 때도 비율이 필요하며 택시기사가 시속 80km로 달린다면 1시간 거리지만 현재 시속 60km밖에 낼 수 없으니 1시간 20분은 걸리겠다는 순간적인 계산 문제에서도 필요하다.

그러므로 비율, 속도, 비는 읽기, 쓰기처럼 살아가는 데 매우 중요한 개념이다. 결론적으로 비율, 속도, 비 단원의 목표는 수나 양의 상대적 관계를 따져 아이들의 수학적 사고를 업(up)시키는 것이다. 아이의 장래를 생각해 반드시 숙지시키자.

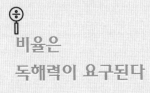

비율은
독해력이 요구된다

비율, 속도, 비 중 특히 초등학생에게 어려운 것은 비율이다. 이미 수학이 아니기 때문이다. 원주율 문제는 딱 떨어지지 않는 소수 3.14를 사용해야 하지만 산수가 가능하면 풀 수 있다. 그런데 비율 문제는 국어 독해력과 기억력이 필요하다.

'1,500원짜리 사과 20개를 30% 싸게 사 왔다면 총 얼마를 지불했나요?'라는 문제에서 30% 싸게 샀다는 것은 정가의 70%만 지불했음을 알아야 한다. 여기서 맨 먼저 독해력이 시험대에 오른다. 그 후 70%=7할도 기억해야 한다. 0.7을 곱해야 하는데 이것이 되지 않는 남자아이나 여자아이는 70을 곱할 때도 있기 때문이다. 독해력과 기억력이 필요한 비율은 초등학생이 친해지기 힘든 분야다.

속도는 그림으로 나타내는
능력이 필요하다

수학뿐만 아니라 모든 시험 문제는 국어로 적혀 있으므로 읽고 해석하는 힘이 필요하다. 덧붙여 속도 관련 문제는 문장으로 된 문제를 그림으로 나타내는 능력도 필요하다.

'A 지점에서 서쪽으로 시속 60km로 달리기 시작한 자동차를 A 지점에서 동쪽으로 5km 떨어진 지점에서 15분 늦게 서쪽으로 출발한 자동차가 시속 80km로 뒤쫓아 달린다면 몇 분 후에 A 지점으로부터 몇 m 떨어진 지점에서 먼저 출발한 자동차를 추월할까요?'라는 문제에서 독해력이 낮은 아이는 문제를 머릿속에 확실히 넣을 때까지 시간이 걸린다.

그리고 이런 문제를 풀 때는 도움이 되도록 자동차 2대의 상황을 그림으로 표현할 수 있어야 한다. 사립 중학교 입시 수학에서 속도 문

제가 출제되면 상황을 그림으로 표현하는 능력이 필수인데 복잡해 이
해하지 못하는 아이도 있어 공립 초등학교 수업에서는 깊이 다루지 않
는다.

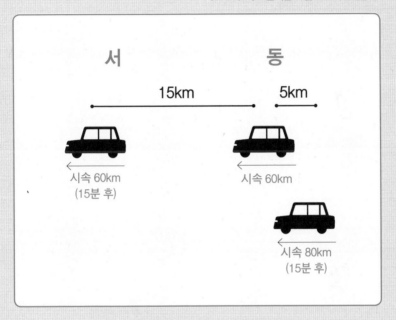

그러므로 모든 학원은 이 부분에 힘을 쏟고 있으며 우리 학원은 일
부러 문제 길이를 늘여 더 까다로운 속도 문제를 풀게 하고 있다.

'[문제] A는 7시 15분에 집에서 출발해 시속 4km로 학교로 걸어가
고 있다. 그러다 출발 6분 후 집에 두고 온 물건이 생각나 집으로 돌아

갔다. 집에서 약 2분 동안 머물고 다시 나와 걷고 있는데, 5분 후 아버지의 자동차가 시속 60km로 A를 앞질러 갔다. 그렇다면 아버지는 몇 시 몇 분에 집에서 나왔을까?'

이 문제는 어른에게도 매우 어렵지만 익숙해지면 풀 수 있다. 사립 중학교 입시에 대비해 질문의 내용을 그림으로 표현할 수 있는 아이와 시험 없이 공립 초등학교에서 공립 중학교로 진학한 아이는 '가시화해 생각하는 힘'에서 큰 격차가 벌어진다.

앞으로 대학 입시의 양상이 크게 바뀔 것이다. 어느 대학이든 공식 대로 푸는 능력이 아니라 문제를 읽고 생각하는 힘을 물어보는 형식이 될 것이라고 한다. 사립 중학교 입시 대비 여부와 상관없이 이런 문제에 도전해 보자.

모든 수학은
비로 통한다

　시속 60km의 자동차와 100km의 자동차가 있다고 가정하자. 같
은 시간 동안 진행한 거리의 비는 3:5다. 한편, 같은 거리를 진행하는 데
걸린 시간의 비는 5:3이다. 앞의 조건은 금방 알 수 있지만 뒤의 조건과
의 연결점을 알기 위해서는 비의 개념을 알아야 한다. 개념 이해의 여
부에 따라 수학, 나아가 수학 문제의 풀이 능력에서 큰 차이가 생긴다.
솔직히 모든 수학 문제는 '비(서로 다른 두 수의 크기를 비교하는 것)'로 마
무리 된다고 해도 과언이 아니다.

　본문의 천칭 문제는 그 최고봉이다. 비 개념만 알고 있다면 단시간
에 풀 수 있지만 모른다면 무게와 농도를 일일이 곱할 수밖에 없다.

　그 밖에 도형의 면적이나 물질의 밀도를 다룰 때도 비 개념은 필수
다. 이처럼 사립 중학교 입시는 물론 고교와 대학 진학 후 수학에서까

지 쓰인다. 한마디로 이것만 있으면 무엇이든 풀 수 있는, 수학계의 스마트폰과 같은 존재다. 없다면 완전히 뒤처진다. 이과 능력이 많이 요구되는 남자아이라면 이 스마트폰은 더더욱 필수다.

〈문제〉

2%의 식염수 80g에 다른 농도의 식염수 280g을 부으면 9% 식염수가 만들어진다. 추가로 부은 식염수의 농도는 몇 %인가?

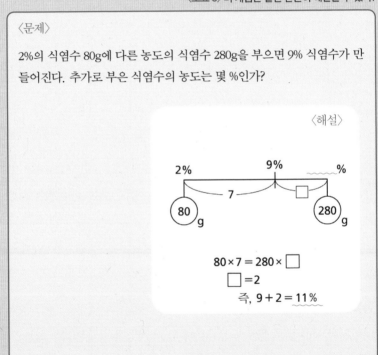

〈해설〉

$$80 \times 7 = 280 \times \square$$
$$\square = 2$$
즉, $9 + 2 = 11\%$

[국어]

독해력도 단어에서 시작된다
: 일상 대화 속에서 다양한 어휘를 사용한다

나는 남자아이의 부모로부터 국어 독해력을 걱정하는 목소리를 자주 듣는다. 독해력 결여의 큰 원인은 어휘 부족이다. 아이들의 어휘력은 나날이 줄고 있음을 절감한다. 섣달그믐(음력으로 한 해의 마지막 날)의 의미를 모르는 아이들의 숫자도 적지 않다.

영어 단어를 모르면 영어 문장을 읽을 수 없듯이 국어 어휘가 부족하면 장문 독해는 어렵다. 내 또래 세대는 조부모와 접할 기회가 많아 이런저런 옛날 말도 들으며 성장했다. 바둑기사 후지 소우타는 젊은 나이에도 어휘력이 얼마나 풍부한지 처음 들었을 때 깜짝 놀랐다. 아마도 그는 훨씬 높은 연배들과 다양한 주제의 대화를 나눌 기회가 많았기 때문일 것이다.

하지만 핵가족화가 진행되고 게임에만 빠진 오늘날의 아이들은 말을 많이 해도 사용하는 어휘의 범위는 지극히 제한적이다. 그래서 나는 이 글에서 다양한 분야에 대해 다양한 어휘로 아이와 더 많은 대화를 나누길 부탁드린다.

세상 이치에 대해 대화하라는 것이 아니다. 어른의 이런저런 말을 아이들에게도 들려주길 바란다. 또한 평소 시청하는 TV 프로그램이나 만화도 단계를 조금씩 높여가길 바란다. 이렇게 하다 보면 지금까지 몰랐던 단어를 들은 아이는 "○○이 뭐에요?"라고 물을 것이다. 그때 올바른 지식을 알려주길 바란다. 자신이 없다면 아이와 함께 사전을 펼쳐보자. 아이가 흥미를 보인다면 그렇게도 말한다며 관련 어휘에 대해서도 말해 보면 좋겠다.

물론 싫어하는 것을 억지로 시키면 역효과이므로 관심을 가질 만한 것 중 수준이 조금이라도 높은 어휘가 쓰인 것을 골라보자.

음독을 시키면
읽기 속도가 향상된다

사립 중학교 입학시험뿐만 아니라 장래 대학 입시에서도 과목을 불문하고 지문이 길어지는 추세이므로 장문을 능숙히 읽어내야 한다. 국어를 공부할 때 가장 중요한 것은 문제 풀이보다 긴 문장을 많이 읽는 것이다.

특히 남자아이는 평소 독서를 거의 안 하므로 읽기 훈련을 더 많이 시키길 바란다. 하지만 난해한 책을 주면 거부감이 앞서 역효과다. 맨 처음에는 아이가 나서서 읽고 싶은 내용이면 좋겠다. 야구를 좋아하는 남자아이라면 유명선수의 수필이나 야구 해설집도 상관없다.

요점은 그것을 부모 옆에서 소리내 읽게 하는 것이다. 왜 묵독이 아닌 음독인가? 그래야만 어절을 제대로 구분하는지 알 수 있기 때문이다. 나만의 경험일지 모르겠지만 오늘날 아이들은 어절 띄어읽기에 약해 단어를 덩어리로 파악하지 못하는 것을 많이 보았다.

'나는 지금부터 슈퍼마켓에 사과를 사러 갑니다.'라는 문장 읽기가 익숙하지 않은 아이는 '나 · 는 · 지금부터 · 슈퍼 · 에 · 사과 · 를 · 사 · 러 · 갑니다.'라며 글자마다 눈이 멈추기 때문에 시간이 걸린다.

이것은 눈으로만 읽어가기 때문이므로 음독을 시키면 평소 자신이 말하는 대화에 맞추어 '나는 · 지금부터 · 슈퍼에 · 사과를 · 사러 갑니다.'라고 어절을 구분해 읽을 수 있게 된다.

음독으로 올바른 띄어읽기가 되면 묵독으로도 이렇게 읽을 수 있게 된다. 그럼 읽기 속도는 향상되므로 제한 시간 안에 풀어내야 하는 시험에서도 강해진다. 영어 듣기도 읽기부터라는 주장을 내세운 영어 학습법이 있다. 최근 교재를 들으면서 공부하는 방법이 유행하는 것 같은데 읽기는 중요하다. 실제로 영어 문장을 음독만 하면서 공부했고 영어 말하기 속도도 빨라지면 듣기 할 힘도 준비되었다고 해도 무방하다.

사회의 복잡성에 의문을 갖게 한다

: 도쿄대생도 읽는, 사회성을 길러주는 최강의 교과서

2018년도 가이세 중학교 입시의 국어 장문 문제로 다음과 같은 가정이 등장했다. 한 집안의 가장은 유능함까지 갖춘 커리어우먼 엄마다. 아빠는 팔리지 않는 화가이자 주부지만 개인 주식투자로 적게나마 돈을 벌고 있다. 유치원에서 귀가하는 아이들을 맞는 아빠는 유치원 선생님이나 다른 엄마들과도 즐겁게 지내고 있다. 그것을 지켜본 엄마는 소외감을 느끼며 이래도 되는지 고민한다.

그래도 그것은 우리 집만의 모습이라고 결론짓는다는 내용이다. 커리어우먼이 주인공이고 주부(父), 개인 주식투자자, 엄마 친구라는 현대사회를 상징하는 무수한 키워드가 등장한다. 그런데 실제로 가이세 중학교 입학시험을 치르는 아이들의 가정을 살펴보면 대부분 아빠들은 엘리트다. 엄마가 커리어우먼일 확률은 높을지 모르지만 적어도 아빠가 인기 없는 화가이고 집에서 살림하는 경우는 거의 없다. 이 사실을 학교 측이 잘 아는 상황에서 이런 문제를 출제한 것이다.

이 문제는 평소 접할 기회가 적은 타인들의 마음을 문장 속에서 얼마나 깊이 읽어낼 수 있는지 묻고 있다. 사회성, 올바른 판단력을 묻는다고 바꾸어 말해도 될 것이다. 왕따 문제도 지금까지는 왕따하면 안 된다는 문맥을 이해하면 되었지만 이제 그 원인인 사회현상까지 시야를 펼칠 수 있는 아이를 원한다는 의미다.

생활보호, 난민, LGBT(성 소수자), 블랙 기업(불법, 편법적 수단을 활용해 젊은 직원에게 비합리적 노동을 의도적·자의적으로 강요하는 기업), 인스타그램 중독 외에도 많을 텐데 이처럼 사회적 주제가 다루어지기 시작했다. 하지만 남자아이는 관심이 생기는 것만 생각하는 존재이므로 부모가 일상 대화 속에서 의식적으로 화제로 삼아야 할 것이다. 또는 사회적 주제를 다룬 만화책을 손에 쥐여주는 것도 좋은 방법이다. 도쿄대생의 독서 이력을 조사해보면 그들도 만화책을 무척 자주 읽었음을 알 수 있다.

올바른 국어를
재빨리 베껴 쓰는 연습을 시킨다

국어에만 한정된 방법은 아닌데 사립 중학교 입시 문제는 국어로 출제될 뿐만 아니라 정답도 국어로 적을 것을 요구한다. 즉, 고득점을 얻으려면 올바른 문장 완성이 매우 중요하다. 그런데 이상한 유행어를 쓰거나 스마트폰의 단어 완성 기능에 의존하기 때문일까?

올바른 문장으로 표현하는 남자아이와 여자아이들이 의외로 드물다. 원래 이것은 초등학생만의 문제는 아니다. 대학생도 마찬가지다. 취업활동에 필요한 입사지원서조차 제대로 된 문장으로 적지 못하다 보니 첨삭해주며 수익을 올리는 회사까지 있다.

우리 학원에서는 아이들을 올바른 국어를 사용하는 성인으로 키우기 위해 올바른 문장을 베껴 쓰는 학습만 도입하고 있다. "어떤 옷으로 입고 갈까?' 길게 고민했더니 시간이 없어 아침 식사를 못했습니다.

그래서 저는 벌써 배가 고파 참을 수가 없습니다."

위 문장을 똑같이 베껴 쓰라고 했을 때 쉼표를 빠뜨리거나 작은따옴표를 무시하거나 '먹을 수 있다'를 '먹을 수있다'로 띄어쓰기를 무시하고 적는 아이가 반드시 있다.

한편, 이런 오류를 저지르지 않고 재빨리 올바로 베껴 쓸 수 있는 아이는 성적 평균치도 높다. 맨 처음에는 두 줄 문장부터 시작해 잘하게 되면 서너 줄로 늘려 길게 쓰는 연습을 우리 학원은 매일 시키고 있다.

이 연습은 가정에서도 간단히 시작할 수 있다. 국어 교과서에 실린 문장을 쓰거나 신문, 잡지에서 발췌한 것도 좋다. 평소 국어를 정확히 베껴 쓰는 연습을 시키면 국어 실력이 향상될 뿐만 아니라 지식의 점에 연결되는 정답을 적을 수 있게 된다.

주어+서술어
훈련을 시킨다

우리 학원은 문장을 올바르게 베껴 쓰는 연습과 동시에 견본 없이 즉시 쓰는 훈련도 시킨다. 주제를 던져주고 간단한 작문을 시키거나 특정 상황을 문장으로 설명시키는 것이다. 슈퍼마켓 판매대 직원이 반찬에 할인 스티커를 붙이는 사진을 보여주고 5줄 문장으로 설명하라면 대부분 아이들은 제대로 된 문장을 쓰지 못한다.

머리로는 상황을 파악하고 구술하라면 잘 설명할 수 있지만 문장으로는 잘 되지 않는 것이다. 애당초 주어+서술어 관계를 확실히 모르기 때문이다. 아무리 긴 글도 주어+서술어 형태의 여러 문장이 나열된 구조가 기본이므로 각 문장을 올바로 쓸 수 있어야 한다. 베껴 쓰기 훈련도 그렇지만 견본 없는 작문 훈련에서도 주어+서술어에 신경 쓰게 하고 이상하다면 고쳐주길 바란다.

긴 글은
거시적으로 파악하게 한다

사립 중학교 입시에서 출제되는 국어 독해 문장은 매년 길어지고 있다. 특히 남학교에서 그런 경향이 강한데 최근 약 6,000~1만 개 글자의 장문 지문이 출제되었다.

수준이 높은 중학교일수록 긴 지문이 출제되는 추세인데 그 지문과 연관된 문제가 겨우 1개인 유형이 종종 보인다. 그 문제밖에 나오지 않으므로 읽어내지 못하면 전혀 승산이 없다. 이런 문제에 도전할 때 필요한 능력은 거시적으로 읽는 능력이다.

세세한 분석은 미루고 큰 흐름을 파악하는 것이다. 도중에 이해가 되지 않는 서술이 있을 때 멈추고 반복해 읽으면 시간이 부족해진다. 그 불명확한 지점은 일단 놔두고 계속 읽어나가 지문의 전체상을 확실히 이해하는 데 중점을 두라는 말이다.

모르는 부분이 있더라도 유추하며 읽어나가는 힘은 평소 긴 글을 접하지 않으면 체득하기 어렵다. 독서를 싫어하는 남자아이에게는 벅찬 작업이지만 그런 이유로 하는 것과 하지 않는 것 사이에 더 큰 차이가 벌어질 것이다. 하루 10분이라도 좋으니 소설 등을 읽는 습관을 갖게 하자.

과학에는 국어 · 수학 · 사회의
모든 내용이 들어 있다

초등학교 때는 과학이라고 부르지만 그 안에는 물리 · 화학 · 지구과학·생물이 모두 담겨 있다. 분야는 다르지만 하나로 묶인 것이 과학이다. 그런데 과학은 국어 · 수학 · 사회의 모든 요소가 담겨 있어 초등학생이 공부하기에 가장 어려운 과목이다.

우선 과학 문제는 긴 문장이 많아 국어 독해력이 없으면 아무것도 할 수 없다. 물론 계산이 필요한 문제도 출제되므로 수학 능력도 필수다. 게다가 식물이나 곤충 이름을 외우거나 지층에 대해 깊이 생각하는 것은 사회 과목에 가까우니 과학은 전문적으로 분류된 것 같으면서도 실제로는 모두 들어가는 과목이다.

과학은 2가지 학습 능력이 필요하다

: '암기해야 풀 수 있다'와 '인과관계를 이해하다'의 차이를 안다

과학은 암기해야 풀 수 있는 문제와 인과관계를 이해해야 풀 수 있는 문제로 나뉜다. 별자리 이름, 꽃 이름, 곤충 이름 또는 그 특징 등을 외우지 않으면 아무리 생각해도 풀 수 없다. 한편, 유력, 전류, 지렛대 관련 문제는 'A에 걸린 힘이 B와 C에 영향을 미친다.'라는 인과관계를 이해하지 못하면 풀 수 없다.

이것은 공식에 대입해 계산하는 수학능력을 요구한다. 일반적으로 여자아이는 전자, 남자아이는 후자를 잘하고 실제 입학시험에서도 비슷한 경향을 보인다. 단, 이 2가지 분야는 뇌의 사용 방식을 포함해 전혀 다른 학습능력을 요구하므로 자녀가 어느 분야를 어려워하는지 파악해두는 것이 매우 중요하다. 그렇지 않으면 과학 성적은 큰 고민거리가 될 수도 있다.

암기 요령은
다각도로 상당한 양을 수행하는 것에 있다
: 글자 기억과 시각적 기억을 확실히 연결시킨다

중학교 과학은 원리나 공식을 완벽히 이해하고 용어에 대한 의미를 정확히 암기해야만 문제를 쉽게 풀어나갈 수 있다. 과학 과목에서 고득점하기 위해서는 정확한 개념 이해와 함께 교과서를 여러 번 정독하고 단원별 실험이나 탐구가 어떤 개념이나 원리와 관련 있는지 확인해야 한다. 과학에서 암기해야 할 대상 자체는 사회만큼 많지 않지만 출제 유형이 너무 다양해 사회와 다른 암기능력이 필요하다. 투구벌레의 다리 개수를 묻는 문제에서는 6개라는 답을 외우고 있다면 답할 수 있다. 하지만 사진 몇 장을 늘어놓고 그 중 투구벌레의 다리를 고르라는 문제의 경우 단순 암기만으로는 풀 수 없다.

과학에서는 글자 암기와 시각적 기억이 동반되어야 한다. 일반적으로 시각적 기억이 필요한 문제에는 사진이나 그림이 함께 제시되는 경우가 있다. 예를 들어 '뿌리를 먹을 수 있는 것, 꽃을 먹을 수 있는 것, 열매를 먹을 수 있는 것을 각각 분류하시오'라는 문제가 자주 출제되며 고구마, 브로콜리, 호박 등의 글자, 실물 사진, 단면도가 문제에 함께 나온다. 그러므로 글자 정보, 사진 정보, 도해 정보 등 다각도로 공부해야 한다. 따로따로 공부하기 보다는 하나로 묶어 외워야 효과적이다.

남자아이들은
과학 내용 자체에 관심을 보인다

과학만큼 남녀 아이가 도달해야 할 수준이 다른 과목은 없을 것이다. 남자아이의 과학은 여자아이보다 몇 배나 어렵다고 생각할 수 있다. 첫째, 과학에는 계산 등 강한 수학적 요소가 있다. 원래 남자아이가 수학을 좋아하는 경향이 있으므로 논리적 사고력이 필요한 분야에서는 더 많이 반영된다. 덧붙여 암기 분야에서도 남자아이가 유리하다. 과학에서 다루는 내용 자체에 남자아이들이 관심을 보이기 때문이다. 대부분 남자아이는 곤충을 좋아해 투구벌레를 손 위에 올려놓고 뒤집어 보고 다리 개수를 세며 재미를 느끼지만 여자아이는 그런 행동을 혐오한다. 징그러워 곤충도감까지 보고 싶지 않다는 여자아이들도 많아 과학에 대한 남자아이와 여자아이의 최종 도착지점을 다르게 생각하는 것이 좋을 것이다.

　나다 중학교의 과학 입학시험은 도쿄대생도 절반이 풀 수 없을 만큼 어려운 문제가 출제된다. 일반적으로 남학교는 과학이 어려워 남자아이는 과학에서 격차가 벌어지는 추세다. 그러므로 과학을 잘하지 못하면 합격하기 어렵다. 반면, 여자아이의 과학은 어느 정도만 할 수 있으면 OK라고 여겨도 좋다. 단성학교뿐만 아니라 남녀공학이라도 합격자 수는 남녀별로 정해져 있어 결국 남자는 남자끼리, 여자는 여자끼리 경쟁한다. 그러므로 여자아이가 과학을 잘하면 큰 이점이 된다.

사고력, 분석력, 관찰력이 필요하다
: 남자아이들끼리의 경쟁에서 이기기 위한 3가지 능력

남자아이의 과학에는 사고력, 분석력, 관찰력 3가지 능력이 필요하다. 본문에 한 중학교 입학시험의 과학 문제가 나와 있다. 바퀴벌레 관련 글이다. 이 문제에서 암기력은 별로 필요 없고 전반부에서는 바퀴벌레 등의 곤충을 얼마나 유심히 관찰하는지를 묻고 있다.

후반부에서는 바퀴벌레를 가장 많이 잡을 수 있는 '바퀴벌레 잡는 도구' 설치법을 묻고 있다. 그것도 실험 주제를 분석하며 생각해야 한다.

원래 과학을 잘하는 남자아이는 가설을 세워 실험하고 결과를 검증하는 작업을 좋아하겠지만 그렇지 않은 남자아이는 이 바퀴벌레 문제를 매우 까다롭게 느낄 것이다. 이 문제를 보고 많은 남자아이들이 그런 거 안 배웠다고 말하지만 사고력, 분석력, 관찰력이 있으면 배우지 않았더라도 이런 유형의 문제를 풀 수 있다.

곤충을 좋아하는 사람도 싫어하는 벌레가 있는 것 같습니다. 그 중에서도 역시 바퀴벌레가 가장 많을 겁니다. 식당 등에서 발견되는 소형(2㎝ 이하) 담갈색 독일바퀴벌레나 일반 가정에 출몰하는 대형(4㎝가량) 흑갈색 먹바퀴를 비롯해 약 40여 종이 일본에 분포하고 있습니다.

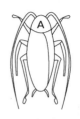

그림 1

보통 사람은 관찰하지 않고 보자마자 때려잡을 겁니다. 그림 1은 바퀴벌레를 위에서 본 모습입니다. 다음 글을 읽고 문제에 답하시오.

〈문제 1〉

바퀴벌레는 곤충류이므로 몸 구조가 머리 · 가슴 · 배 세 부분으로 나뉘어 있는 것이 당연할 텐데 그림 1에서는 두 부분밖에 보이지 않습니다. 그림 1의 A는 어느 부위입니까?

A를 머리라고 생각하는 사람은 가슴 부분은 어떻게 생겼는지, A를 가슴이라고 생각하는 사람은 머리 부분은 어떻게 생겼는지 설명하십시오. 그림으로 그려도 좋습니다.

〈문제 2〉

바퀴벌레는 알에서 부화한 후 성장하며 몇 차례 탈피를 반복해 번데기 단계를 거치지 않고 우회해 성충이 됩니다. 이와 같은 곤충류의 성장 방식을 무엇이라고 부릅니까? 다섯 글자 이내로 답하시오.

179

〈문제 3〉

문제 2번과 같은 성장 방식의 곤충들끼리 맞게 묶은 것을 골라 기호로 답하시오.

① 잠자리, 개미, 꿀벌   ② 방울벌레, 누에, 호랑나비

③ 투구벌레, 무당벌레   ④ 귀뚜라미, 사마귀, 매미

⑤ 메뚜기, 파리, 모기

〈문제 4〉

문제 2번과 같은 성장 방식의 곤충의 유충(애벌레)과 성충의 외견상 차이와 곤충 크기와 관련된 것으로 특정 부위의 분명한 차이를 설명한 다음 문장 중 [   ] 안에 들어갈 적합한 말을 적으시오.

설명문: 성충에는 [   ] 가 있지만 유충에는 없다.

바퀴벌레를 잡는 상품 중 '바퀴벌레 끈끈이'가 있습니다. 그림 2처럼 단단한 종이를 접어 만든 집 형태인데 열어보면 그림 2처럼 내부에 접착제가 발라져 있고 중앙부에 바퀴벌레가 좋아하는 냄새를 발산하는 먹이 주머니를 놓아 유인하는 방식입니다. 살충제는 포함되어 있지 않아 바퀴벌레는 며칠 동안 접착제에 들러붙어 있다가 굶주림과 갈증으로 죽어갑니다.

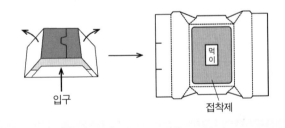

그림 2

180

바퀴벌레가 자주 출몰하는 장소에 '바퀴벌레 끈끈이'를 놓고 매일 확인해보면 '처음에는 성충 1~2마리가 붙습니다. 당분간 살아 있고 며칠이 지나면 몸에서 (B)가 나와 끈끈이 내부가 더러워집니다. 그러다가 갑자기 유충이 많이 붙어 있는 것을 볼 수 있습니다. 결국 모든 바퀴벌레는 굶어 죽습니다.'
여기서 다음과 같은 실험을 했습니다.

① 바퀴벌레 끈끈이에 걸린, 살아있는 성충의 몸에 상처가 나지 않도록 주의해 종이까지 통째로 잘라내 그림 3처럼 새로운 바퀴벌레 끈끈이의 가운데에 먹이 대신 놓습니다. 똑같이 ② 죽은 성충을 붙인 것, ③ 벌레의 몸에서 나온 (B)만 종이 채 잘라 새로운 바퀴벌레 끈끈이에 붙인 것, ④ 보통 먹이를 붙인 것을 각각 준비해 같은 조건에서 몇 마리가 붙는지 조사해 그 결과를 표 1에 정리했습니다.

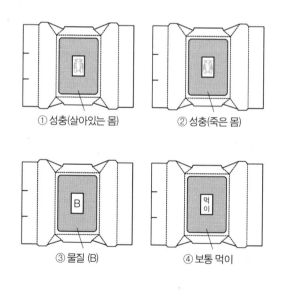

① 성충(살아있는 몸)　　② 성충(죽은 몸)

③ 물질 (B)　　④ 보통 먹이

그림 3

181

먹이의 위치에 붙인 것	잡힌/붙은 성충	잡힌/붙은 유충
① 성충(살아있는 몸)	△	△
② 성충(죽은 몸)	×	×
③ 물질 (B)	○	◎
④ 보통 먹이	○ (기준)	○ (기준)

표 1

기호의 의미 : 보통 먹이를 놓은 ④에 붙은 성충과 유충 수를 기준으로 첫 사흘 동안 실시

　○　똑같은 수가 붙었다.

　◎　확연히 많이 붙었다.

　×　훨씬 적은 수나 0개

　△　첫 이틀 동안 없었지만 이후 급속히 여러 개가 붙었다.

〈문제 5〉

표 1의 결과에서 바퀴벌레(특히 유충)는 특정 물질 (B)에 포함된 뭔가에 유인되는 성질이 있음을 알 수 있습니다. (B)는 무엇일까요?

〈문제 6〉

바퀴벌레 한 마리가 보이면 안 보이는 곳에 40~50마리가 있다고 생각하라는 말이 있습니다. 그것이 성충이라면 공포영화처럼 섬뜩하겠지만 실제로는 대부분 유충입니다. 40~50마리라고 단정한 이유는 무엇일까요? 간략히 설명하시오.

182

일상 속에서 느낀 의문점을
함께 조사한다

　　나다중학교 입학시험 과목에는 사회가 없는 대신 과학이 어려운 것으로 유명하다. 나중에 해도 어느 정도 성적이 나오는 사회와 같은 암기 중심의 과목 능력보다 이과적 사고력이 있는 아이를 나다중학교는 원한다고 해석할 수 있다.

　　실제로 그 아이가 초등학교에서 자연과학 능력을 얼마나 키워 진학했는지 평가하는 데 과학이 가장 적합하다고 한다. 남자아이의 과학 점수는 지망 학교의 레벨을 결정하는 중대사항이다. 부모 입장에서는 아이가 과학을 좋아하게 만들어야 하지 않을까? 그래서 부모가 할 수 있는 것은 과학을 좋아하라는 주문을 걸거나 어려운 참고서를 사주는 것이 아니다. 호기심을 불러일으키는 것이다.

"팝콘은 왜 톡톡 튈까?"

"원자력 발전소는 왜 위험하지?"

"벚꽃은 봄에 피었다가 왜 금방 떨어지지?"

이런 의문이 떠오를 때 아이의 머리는 이과적 사고의 입구에 있다. 무심코 흘려버리지 말고 "왜 그럴까? 함께 알아보자."라고 호응해 주길 바란다. 또는 부모가 먼저 의문점들을 던져주어도 좋을 것이다.

"이런, 오늘도 비가 오네. 왜 장마가 오는 걸까? 함께 알아볼까?"

"세제로 미끌미끌한 기름기를 씻으면 왜 싹 사라질까? 한 번 알아 볼까?"

이처럼 사고력, 분석력, 관찰력을 갈고 닦을 소재는 널려 있다. 특히 아빠가 이렇게 말하면 남자아이의 관심은 더 커지기 마련이다.

역사는 스토리로 기억한다

: 입학시험은 흐름을 파악하지 못하면 풀 수 없다

　　사회 과목의 역사 문제는 용어 암기가 아니라 스토리 흐름으로 파악하는 것이 중요하다. 만화책도 좋으니 아이가 조금이라도 관심을 보일 만한 교재를 쥐여주고 역사를 스토리로 넓게 파악하게 하자.

　　실제 사립 중학교 입시에서는 아직 순수한 암기문제가 60% 이상이지만 그 비율은 점점 줄어드는 대신 더 넓은 시야로 세계를 보지 않으면 풀 수 없는 문제가 늘고 있다. 2015년도 가이조 중학교 사회시험에서는 브라질 아마존강 이야기로 시작해 브라질의 특산품, 일본인 이민자에 의한 개척, 삼림농업 관련 내용으로 확대되었고 나아가 일본의 하천, 외국 선박의 도래 역사 등 다양한 내용의 문제가 출제되었다.

　　이와 같은 문제는 브라질의 수도는 브라질리아, 브라질의 공용어는 포르투갈어와 같은 단순 암기로는 풀 수 없고 스토리의 큰 흐름을 파악하지 못하면 대처할 수 없다. 남자아이들이 스토리로 역사에 관심을 갖게 하는 데는 TV도 도움이 된다. 대하 드라마도 출발점으로 삼을 수 있다.

그밖에도 역사적 사건을 다룬 TV 프로그램 중 흥미롭고 잘 제작된 것들도 많다. 단, 이것들은 한 시대나 특정 인물에만 집중할 뿐이므로 시간을 들여 본 것치곤 얻는 지식이 적을 수도 있으니 관심 유발용으로만 쓰고 최종적으로 모두 배울 수 있는 교재가 필요하다.

초등학생은 암기로부터 도망칠 수 없다

: 고유명사를 모르면 스토리조차 이해할 수 없다

역사의 큰 흐름을 읽지 못하면 풀 수 없는 문제가 늘고 있지만 사립 중학교 입시에서 사회는 아직 암기문제가 60% 이상이다. 역사 만화 등을 읽더라도 고유명사를 모르면 전혀 이해할 수 없어 결국 싫어진다.

고교 시절 나는 고전문학에 약했다. 반면, 내 친구는 같은 책을 읽고 지식으로만 알던 세계를 실감할 수 있었다며 감동에 빠졌다. 이런 의미에서 암기는 중요하다. 사회의 암기사항은 수학의 구구단처럼 이후 학습에서 절대적인 기초다.

모든 방법을 사용하는 것이
암기 요령이다

초등학생이 태어나 처음으로 진지해져 꼭 외워야겠다며 자발적으로 공부하는 것이 구구단이다. 그 다음은 행정구역명, 역사적 인물 등 사회 과목에 등장하는 내용들이다. 어린 시절 여러분도 구구단을 처음 외울 때 요즘 아이들처럼 2×1=2, 2×2=4, 2×3=6… 이런 식으로 노래했을 것이다. 어른이 되어 당시를 회상해보면 그때는 왜 적으면서 외우지 않았는지 궁금했다. 그 이유를 나중에야 알았다. 구구단을 외우는 저학년 때는 쓰기 속도가 느리고 잘 쓰지도 못해 매우 비효율적이었던 것이다. 그래도 고학년이 되면 제법 필기도 하는 만큼 입으로 소리내거나 적거나 눈으로 보거나 귀로 들어가며 해도 좋다. 시각, 청각 등 다양한 감각을 활용하며 외울 수 있는 것이다.

우리 학원에는 노트는 거의 사용하지 않고 무엇이든 교과서 한 권

안에 적어 외우는 학생도 있다. 여기저기 적혀 있어 무척 난잡하지만 그것이 자신에게 가장 적합한 암기법이라는 뜻이니 상관없다.

아이가 이런저런 방법을 시도해 잘하는 방법을 찾아내게 유도하길 바란다. 우리 학원에서는 초등 6학년을 대상으로 1467년, 1929년처럼 강사가 연도를 무작위로 말하면 당시 발생한 사건을 1~2초 안에 대답하는 훈련을 매일 100문제씩 하고 있다.

100문제라도 15분밖에 안 걸린다. 가정에서 간단히 할 수 있는 방법이다. 강사 대신 부모가 연도를 말해주면 된다. 현장 방문도 효과적이다. 책상에만 앉아 행정구역이나 소재지를 외우기보다 실제로 현장에 가 보면 깊은 인상을 받는다. 성곽이나 역사유적을 돌아보면 아이도 사회에 쉽게 관심을 보이지 않겠는가. 과학도 실제 체험이 중요한데 사회 과목 체험은 부모가 도와주기 더 쉽다.

역사, 일반사회보다
지리가 더 중요하다

초등학교 사회는 내용적으로 역사, 지리, 일반사회로 나뉜다. 그 중 딱딱해 초등학생에게 어렵게 느껴지는 것은 정치, 경제를 다루는 일반사회지만 대부분 출제 범위가 정해져 있어 외우기만 하면 OK다. 공략하기 쉬운 분야다.

반면, 가장 간단히 여기는 지리는 괴물이다. 외워야 할 범위가 너무 넓고 모든 유형으로 출제될 수도 있기 때문이다.

예를 들어, 서울발 부산행 KTX가 정차하는 역을 묻는 문제라고 생각했더니 어느새 중동문제로 건너뛰어 시리아의 특정 장소를 찾으라는 식이니 그야말로 드넓은 지구의 모든 것을 묻는다. 이것들을 모두 외워야 한다고 생각하면 남자아이는 스트레스에 압도당할 것이다. 평소 지구본이나 지도를 보며 부모와 자녀가 즐겁게 대화하는 환경을 만들자.

시사 문제에는 가정의 모습이 반영된다

: 합격의 영광은 머리가 좋은 아이보다 호기심이 강한 아이에게 돌아간다

최근 사립 중학교 입시에서는 역사, 지리, 일반사회 각 분야에 시사 문제를 혼합한 유형이 늘고 있다. 가고시마가 대하 드라마의 무대가 되었던 해에는 가고시마의 특산품과 역사상 인물 등을 묻는 문제가 여기저기 출제되었고 올림픽이나 월드컵 같은 빅 이벤트가 있으면 개최국 관련 문제가 출제되었다.

장차 대학 입시에서도 오래된 역사 관련 문제는 줄고 현대를 살아가는 우리와 직접 관련된 시사문제가 늘어날 것이다. 내 주변 문제에 시선을 줄 수 있는 인간성이 중시되고 있다. 그런 의미에서 학교가 위치한 지역 관련 문제를 출제하는 학교도 늘고 있다. 예를 들어 가나가와현 요코하마시 세코 중학교 사회 문제의 20%는 가나가와현과 요코하마시에 대해 묻고 있다. 이것은 공립 초등학교 교과서에는 나오지

않는 지식이다. 자신이 다니고 싶은 중학교 지역에 대해 철저히 공부해오라고 요구한 셈이다. 가이세 중학교도 그 소재지인 도쿄도 아라카와구 관련 역사 문제와 사회 문제를 출제했다. 어쨌든 최근 세상 일에 관심도 없고 책상에만 파묻혀 공부만 한 아이는 필요없다고 여기는 추세다. 당연히 공부는 잘해야 하고 사회성까지 갖춘 아이를 모든 학교가 원한다.

'사립 중학교에 합격하는 아이는 어떤 아이인가?'라는 질문의 정답은 머리가 좋은 아이보다 호기심이 강한 아이다. 어디까지 공부해야 할지 생각하면 끝도 없지만 매일 뉴스 기사를 무심코 흘려보내지 말고 가능하면 가정의 대화 소재로 삼아보길 바란다.

아이가 알고 싶어하는 것을 함께 조사하고 탐구하는 습관을 갖자. 가능하면 TV 옆에 지구본과 지도를 놓고 뉴스에 등장한 지역을 즉시 확인하는 것도 좋을 것이다. 수고스럽지만 좋은 방법이다. 남자아이가 시사 문제에 대처하는 데 가정의 모습이 직접 반영된다고 생각하길 바란다.

1. 〈마법 천자문〉

- **출판사: 아울북**   **저자: 올댓스토리**

무려 2천만 명의 독자를 통해 검증된, 한자가 즐거워지는 학습만화다. 읽기만 해도 저절로 기억되는 한자의 이미지 학습과 이야기 속에서 자연스럽게 익히는 스토리텔링 형식으로 어휘력 향상효과가 크고 카드놀이를 통한 풍부한 문장 구사력과 창의력 향상에 최적의 도서다.

2. 〈GO GO 카카오 프렌즈 9〉

- **출판사: 아울북**   **저자: 김미영**

세계 역사·문화체험 학습만화다. 카카오 프렌즈에서는 저마다의 개성과 인간적인 매력을 지닌 라이언, 튜브, 어피치, 프로도, 네오, 튜브, 콘, 제이지 총 8명의 앙증맞은 캐릭터들이 위트 넘치는 표정과 행동으로 폭넓은 공감대를 형성하고 유쾌한 웃음을 독자에게 선사한다. 미국, 영국, 일본, 프랑스, 독일, 이태리, 스페인, 인도, 중국에 이어 GO GO 카카오 프렌즈 10(이집트 편)도 출간 예정이다.

3. 〈I AM 시리즈〉

- **출판사: 주니어RHK**   **저자: 김승민**
- **삽화: 만화 스토리 작가협회 소속 작가 및 어린이 만화 전문가**

직업탐구 학습만화다. 직업의 세계와 함께 해당 직업군에서 희생적으로 훌륭한 업적을 세운 현존 인물들을 소개하는데 아이들에게 먼 옛날 시대적 배경

까지 고려하며 누군가를 상상하지 않아도 되고 현시대에 공감할 만한 이야기들이 감동을 선사한다. 굵직굵직한 사건 중심으로 총 6장으로 구성되어 있고 매 장마다 '지식쏙쏙' 코너가 있다.

4. 〈나는 오늘도 화가 나〉

• 출판사: 위즈덤하우스 • 저자: 릴라 리

아시아계를 무시하는 사회 분위기에 분노와 독설을 퍼붓는 한국계 소녀 킴이 이민사회에서 적응해가는 과정에서 일상 속 인종차별과 성차별을 비판하고 비주류의 분노를 대변하고 있다. 간단한 일러스트와 짧은 글이지만 마음에 울림을 주기에 충분하다.

5. 〈7개 숟가락〉

• 출판사: 행복한 만화가게 • 저자: 김수정

1990년부터 2년여 동안 소년 만화잡지 주간 《소년 점프》에 연재되었던 작품이다. 가족 간 울고 웃는 사랑에 대한 이야기다. 김수정 작가는 만화 《아기공룡 둘리》로 유명한데 그의 따스한 정취와 인간미 넘치는, 매우 유머러스하고 순박한 작품이다.

6. 〈과학상식 살아남기 시리즈〉

• 출판사: 미래엔 아이세움

아슬아슬한 모험을 통해 과학상식을 배우는 서바이벌 학습만화의 대명사다. 재미있는 만화를 통해 어려운 과학상식을 효과적으로 전달했다는 평가를 받았다. 이상기후, 자연사 박물관, 사막, 사파리, 조류세계, 토네이도, 에너지

위기, 미생물 바이러스의 세계, 땅속 세계, 방사능, 로봇 세계에서 살아남기 등의 버전이 있으며 미국, 일본, 대만, 태국, 베트남, 말레이시아 등에서도 큰 호응을 받고 있다.

7. 〈브리태니커 만화백과 세트〉

- **출판사: 미래엔 아이세움**

문·이과 통합정보를 한 권으로 해결했다. 인문·사회, 자연과학 구분 없이 주제 관련 총체적 지식을 다루며 단편적인 정보 나열에 그치지 않고 주인공들이 배운 지식과 경험을 토대로 긍정적인 가치를 추구하는 모습을 그렸다. 직관적 이해를 돕기 위해 비주얼 요소를 활용했으며 첫머리에서 제공하는 인포그래픽은 핵심 내용을 시각적 이미지로 정리해 독자들의 흥미를 유발한다. 오랫동안 브리태니커가 구축해온 지식체계를 내용 분류의 기준으로 삼아 모든 영역에 대한 지식을 균형적으로 흡수하도록 도와준다.

8. 〈원더박스 인문·과학 만화 시리즈〉

- **출판사: 원더박스** ·**저자: 마르흐레이트 데 헤이르**

인문, 과학, 만화, 사회 총 4부작이다. 철학과 과학, 종교, 사회의 역사와 이론, 사상, 배경 등을 만화책 한 권에 담아냈다. 저자는 과학과 철학, 종교, 사회가 우리 일상과 멀리 떨어진 것이 아니라 바로 우리의 생각, 행동과 밀접한 관계가 있음을 환기시키며 나아가 어떻게 살아가야 할지에 대한 분명한 메시지를 던진다.

9. 〈WHY 학습만화 시리즈-그랜마 영어〉

• **출판사: 예림당**

재미있는 이야기가 담긴 스토리텔링 기법으로 영어학습에 대한 관심을 유도한다. 영어회화 표현을 하나의 유형으로 만들어 다양한 상황에 적용하도록 정리했다. 한 단원이 끝나면 듣기, 말하기, 읽기, 쓰기 통합학습 문제로 실생활에서의 영어 응용력을 키워주고 문제의 해설은 QR코드를 찍으면 동영상으로 확인할 수 있다.

10. 〈만화 유쾌한 심리학 1〉

• **출판사: 파피에** • **저자: 배영헌, 박지영 원작**

네 마음을 읽어봐? 내 마음을 훔쳐봐!

심리학 개념들을 쉽고 친근하게 설명해 대중적 심리학 책의 새로운 지평을 연 베스트셀러다. 인상과 호감, 애정, 환경, 스트레스의 원인과 대처, 감각과 지각, 배움의 기초 등 일상 속 심리학 주제를 만화로 재미있게 풀어냈다. 실생활에서 벌어졌거나 일어날 수 있는 일들을 사례로 설명했으며 각 장마다 실생활 관련 연구의 결과들을 소개했다. 마음을 읽고 행동을 예측할 수 있는 심리학 이야기를 흥미롭게 전해준다.

제6장

스스로 책상에 앉는
남자아이의 13가지 공부습관

: 미적대던 남자아이를 급변시키는 시스템

무엇보다 공부는 습관을 내 편으로 만들어야 한다. 집중력이 지속되지 않고 산만해

지기 쉬운 남자아이에게 정신론을 강조하면 역효과만 날 뿐이다. 남자아이의 의사

에 휩쓸리지 않고 시스템화되어 저절로 공부하게 하는 탁월한 방법이 필요하다.

이번 장에서는 가정에서 할 수 있는 시간 관리와 공부 순서, 공부환경 조성법 등 좋

은 습관을 들이는 방법을 설명하겠다.

공부의 90%는
책상으로 향하는 자세에서 결정된다

어느 학원이든 아이의 성적은 공부하는 뒷모습만 보아도 대충 알수 있다. 성적이 오르지 않는 아이는 공부할 자세가 안 되어 있는데 압도적으로 남자아이가 많다. 책상 앞에서 다리를 흔드는 것을 흔히 볼수 있다. 제대로 집중하려면 발이 바닥에 착 붙어 있어야 하는데 그렇게 못한다. 신발을 벗었다가 신기를 반복하는 아이도 있다.

팔꿈치를 책상 위에 대고 있어도 안 된다. 글씨 쓰는 손에는 연필을 들고 다른 손은 공책이 흔들리지 않게 잘 누르고 있어야 하지만 팔꿈치를 책상 위에 대고 있으면 그렇게 할 수 없으니 좋이는 흔들거리고 글씨체도 깔끔하지 않다.

결국 자신이 쓴 글자인데도 알아볼 수 없고 0과 6이 비슷해 계산 문제를 틀리기도 한다. 자세 외에도 눈에 띄는 것은 많다. 남자아이의 책상 위가 깨끗이 정돈된 경우는 드물다. 책상 위에 어질러진 지우개 가루나 방치된, 코 푼 휴지는 주변에 대한 관심 부족의 증거다.

여자아이는 그런 행동은 하지 않는다. 주위 사람이 어떻게 생각할지 신경 쓰기 때문이다. 앞에서도 말했듯이 남자아이에게 깔끔한 정리 정돈을 요구하는 것은 무리지만 주변에 대한 관심 부족이 버릇이 되면 국어 장문 독해문제에서 저자의 의도 등을 제대로 파악하지 못할 수도 있다. 깨끗이 정리되어 있는지 살피기보다 아이가 어떤 태도로 공부하는지 재확인해 고치도록 지도하자.

동기부여보다 공부의 규칙화를 철저히 시킨다

: 공부와 포상을 세트로 묶어 적절히 활용한다

여자아이와 달리 남자아이는 초등학생도 유치원생처럼 유치하니 부모도 유치원생 대하듯 해야 한다. 남자아이 스스로 공부하게 하려면 처음에는 부모가 규칙을 만들어 주어야 하고 해야 할 것을 다 하면 포상이 따른다는 인식을 심어주면 효과적이다.

예를 들어, 1시간 공부하면 30분 동안 TV를 시청해도 된다고 공부와 TV를 세트로 묶어 활용하는 것이다. 물론 간식과 만화도 좋다.

핵심은 남자아이가 기뻐하고 좋아할 것 앞에 공부를 함께 묶어 공부를 마치면 즐거운 것이 기다린다는 사실을 항상 기억시키는 것이다. 왜 그렇게까지 해야만 할까?

축구, 게임 등 이 시기의 남자아이의 욕구는 공부와 상관없는 것이 많기 때문이다. 반면, 여자아이의 경우, 'ㅇㅇ중학교 교복이 예쁘더라.

정말 입고 싶어.'처럼 현재의 학습 태도와 입시 동기가 매우 강하게 연결되어 있다. 극소수지만 의사가 되고 싶어 공부하겠다는 남자아이도 있다. 내 아이가 거기 속하지 않는다고 실망하지 말고 원래 남자아이는 그런 존재라고 생각하고 규칙 만들기에 최선을 다하자. 이 시기의 남자아이에게 주체성을 기대하면 안 된다.

특히 아빠는 회사 부하 직원 대하듯 "앞으로 어쩔려고 그래?"라며 한마디 하고 싶겠지만 상대방은 유치원생 수준임을 잊으면 안 된다. 남자아이에게 훌륭한 본보기가 되는 형이 있다면 모르지만 대부분 ○○이 되고 싶다는 소망 자체가 없다. 무리한 동기부여는 포기하고 공부의 규칙화를 철저히 시키는 것이 훨씬 효과적이다.

변명하지 않고 즉시 시작하게 만든다

: 부모는 능수능란하게 워밍업을 도와준다

부모는 남자아이의 의욕 발생 스위치를 켜보려고 온갖 방법을 써보지만 소용없다. 공부는 아이 자신이 하는 것이기 때문이다. 할 일이 있는데도 꿈지럭대며 뭔가 중얼거리는 남자아이를 바라보면 빨리 가서 공부하라고 외치고 싶겠지만 그랬다간 대부분 이런 대답이 돌아온다.

"지금 하려고 했는데 그렇게 말하니 하기 싫어졌어."

그러므로 공부하라는 말이 튀어나오려고 하면 꿀꺽 삼키고 남자아이를 공부로 유도하는 시스템을 만들자. 책상 앞에 앉아 5분 안에 풀 수 있는 간단한 교재를 올려놓는다. 간단히 풀리는 문제여서 남자아이는 손을 뻗어 풀어나가고 그러면서 점점 공부에 시동이 걸린다.

또는 자신이 좋아하는 교재부터 시작하게 하는 것도 좋은 방법이다. 남자아이는 시동이 걸리기 힘들지만 일단 걸리면 힘차게 전진하는 경향이 있다. 그러므로 공부하라는 말로 엔진에 찬물을 끼얹지 말고 단 1cm라도 움직일 방법을 연구하자.

운동 경기에서도 맨 처음부터 힘든 훈련을 하고 싶은 사람은 없을 것이다. 하지만 워밍업으로 몸에서 열이 나기 시작하면 점점 고강도 훈련으로 높이고 싶은 욕구가 생긴다. 갑자기 과격하게 움직이면 부상 위험도 있으니 시작할 때는 '서서히'를 기억한다.

공부도 준비운동이 필요하다. 맨 처음에는 남자아이가 손을 뻗기 쉬운 것부터 시작하자. 손을 쓰는 동안 피가 머리 쪽으로도 움직이기 시작하고 좀 더 어려운 내용으로 이행하기 쉬워진다. 부모는 남자아이의 워밍업을 옆에서 도와주기만 하면 된다.

15분 규칙으로
차이를 벌린다

　나는 초등학생이 집중할 수 있는 시간은 길어봤자 20분이라고 생각한다. 가이세 중학교나 나다 중학교처럼 입학시험이 가장 어려운 학교도 시험 시간은 길어봤자 60~70분이다. 최상위권 아이들이 도전하는 사립 중학교 입시의 최고봉도 이 시간이 한계다.

　보통 초등학생은 20분만 집중할 수 있다면 충분하다. 그러므로 하루 총 공부 시간이 ○시간이어야 한다며 집착할 필요가 없다.

　바쁜 비즈니스맨 사이에서는 틈새시간 활용이 중요하다고 한다. 남자아이의 공부도 마찬가지다. 단 15분이라도 공부습관을 들이는 것이 좋다. 이 15분이 쌓여 점점 더 큰 차이가 벌어지기 때문이다. 15분 동안 할 수 있는 것은 많다.

　뭔가 하려면 최소 45분은 집중해주길 부모는 바라지만 부모세대와 달리 요즘 아이들은 너무 바빠 공부할 수가 없다. 게다가 짜증부터 낸다. '으악! 45분 동안이나 해야 돼? 하기 싫어.'라며 다른 마음이 생기면 눈 깜짝할 사이 30분은 흐지부지 흘러간다. 차라리 가벼운 마음으로 시작할 수 있는 15분을 3세트로 나누어 하는 것이 훨씬 효과적이다. 이때 15분만 공부하면 반가운 일이 기다린다고 유도하면 집중하기도 쉽다.

"15분 후에 저녁 준비가 끝나니 그때까지 공부하고 있어."
"아들! 15분만 공부하고 아빠랑 목욕하자!"

이렇게 아이들에게 15분 공부습관이 생기면 여행을 가서도 몰입하게 된다.

등교 전 15분 공부를
습관화한다

하루의 피로가 쌓인 피곤한 저녁 시간보다 아침 시간대에 머리가 맑아 업무를 효율적으로 할 수 있다고 말하는 직장인이 많다. 아침에 집중이 더 잘 되는 것은 사실이다. 그리고 그건 아이들도 마찬가지다.

등교해 6교시나 수업을 받고 방과 후에는 학원에 가 공부한 다음보다 통학 전 아침 시간이 머리가 훨씬 맑은 상태다. 그러므로 이 시간대에 단 15분도 좋으니 공부하게 하자. 내신시험이나 모의고사, 수능시험은 아침시간부터 정신을 집중해 치러야 하므로 아침시간대의 컨디션을 어떻게 유지하느냐가 시험 결과에 큰 영향을 미칠 수 있다.

요즘은 맞벌이 가정도 많고 아이도 학원에 다녀 전 가족이 모일 수 있는 시간은 아침 정도일 것이다. 이 시간대의 15분이 부모가 아이의 공부에 관심을 가질 수 있는 시간이니 공부 시간을 만들어보자.

그렇다고 어려운 문제를 풀게 할 필요는 없다. 학교에 지각하지 않는 것이 중요하니 영어 단어 30개를 적거나 수학 계산 문제 3개를 푸는 것으로 충분하다. 또는 아침 TV 뉴스를 보고 궁금한 것을 골라 대화하고 함께 확인해보는 것도 좋을 것이다.

남자아이의 공부는 어른과 다르게 역발상으로
: 어쨌든 눈앞의 할 일을 끝내는 습관을 갖게 한다

"○○중학교에 합격하고 싶다. 그러려면 이 교재를 6학년 여름방학 때까지 끝내야 한다. 그러려면 매일 5페이지씩 꼬박꼬박 해야 한다."

이처럼 목표로부터 역산해 소단위로 나누어 추진하는 것이 어른들이 믿는 올바른 방식이다. 실제로 어른들은 이런 방법으로 몇 가지 작업에서 성공을 거두기도 했다. 하지만 초등학생 남자아이는 지금 자신이 하는 일을 현실적인 목표와 전혀 연결하지 못한다. 그러므로 최종 목표를 아무리 인식시켜도 동기와 의욕이 유지되지 않는다. 이때 역발상을 해보자.

교재를 매일 5페이지씩 꼬박꼬박 풀었다.

그랬더니 6학년 여름방학 때 이 교재가 끝났다.

그랬더니 ○○중학교에 합격했다.

결과가 같으면 이렇게 뒤집어도 된다. 이런 계획을 세우고 확실한 결과로 연결하려면 남자아이에게 포상을 활용하면서 눈앞의 할 일을 끝내는 습관을 갖게 하자. 그리고 가끔 "잘 되어가니?"라고 말을 걸어 응원해주자.

남자아이가 목표를 향해 자발적으로 움직이면 좋겠다는 부모의 마음은 잘 알지만 원래 남자아이가 세운 목표는 비현실적이므로 자발적으로 움직일수록 이상해진다. 부모가 할 수 있는 것은 눈앞의 할 일을 끝내는 습관을 갖게 해주는 것이다.

20분 단위로 나눈다

: 게임처럼 '2분 집중'부터 연습시킨다

수업시간에 집중이 잘 안 되는 가장 큰 요인은 수업 내용이 잘 이해되지 않기 때문이다. 보통 70% 이상 이해되어야 집중할 수 있는데 그 이하가 되면 수업 내용을 따라잡기 힘들어 멍한 상태에 빠지거나 산만해진다. 이런 상황을 방지하기 위해서는 사전에 수업 준비를 착실히 해가는 것이다. 초등학생이 집중할 수 있는 시간은 20분이 적당하다고 앞에서 말했다. 하는 둥 마는 둥 시간을 허비하지 않도록 1회 공부를 20분 단위로 나누자. 타이머나 스톱워치로 시간을 재면 아이도 시간을 알기 쉬워 선선히 동의해줄 것이다.

집중해 20분 동안 공부하다가 타이머 소리가 나면 멈추는 것이 최종 목표인데 맨 처음에는 세세히 해보는 것이 좋다. 금방 정신이 산만해지기 쉬운 남자아이는 일단 2분 집중을 연습하게 하자. 2분으로 정한 것은 사립 중학교 입학시험에 출제되는 최소단위 계산 문제를 보통 아이가 푸는 데 약 2분이 걸리기 때문이다.

아이가 1분밖에 집중할 수 없다면 한 문제도 풀 수 없으니 최소 2분은 집중해야 한다. 체육 시간에 100m 달리기의 분초를 재듯 부모는 옆에서 스톱워치를 쥐고 아이는 2분 안에 계산 문제 해결을 게임처럼 해보자.

워밍업으로 가로세로 연산을 푼다

: 풀이 속도로 절대적 학습 능력의 성장도를 파악한다

어떤 스포츠든 본 경기에 들어가기 전 워밍업이 필수인 것은 누구나 안다. 워밍업으로 체온이 오르고 근육은 풀리고 동작은 민첩해진다. 아이들이 공부에 진입할 때는 두뇌의 워밍업이 필요하다. 두뇌 워밍업에는 가로세로 연산처럼 간단한 것이 좋다.

집에서 가로세로 연산을 할 때는 시간을 재길 바란다. 아이의 절대적 학습 능력과 그 변화를 알 수 있기 때문이다. 풀이 속도가 빨라지면 집중력도 그만큼 향상되었다는 증거다. 학교나 학원에서 실시하는 테스트는 순위나 평균치 등 아이들끼리의 상대적 학습 능력만 평가하므로 개인별 절대적 학습 능력을 알아내기 어렵다.

중요한 것은 그 아이만의 성장이 지속되고 있는가 여부다. 시간을 재면서 가로세로 연산을 하고 그 속도를 높여가는 훈련을 쌓다보면 아이의 기초 학습 능력은 분명히 성장하고 부모와 아이는 실감하게 된다.

그러니 타고난 머리를 운운하며 탓하지 말고 열심히 하면 그만한 가치를 돌려주는 것이 꾸준한 워밍업이다. 단, 가로세로 연산이 가능한 정도의 집중력으로는 다른 아이들을 앞설 수 없다. 가능하면 가로세로 2백 칸 연산으로 워밍업시키자.

가로세로 2백 칸 연산을 단숨에 해내는지 여부는 벽과 지표가 될 수 있다. 난이도를 높일 수도 있어 우리 학원의 6학년 우수생들은 가로세로 8백 칸 연산도 단숨에 끝낸다.

연습문제는 시간이 아닌 개수를 늘리게 한다

: 입시공부나 사회 진출 후에도 중요한 것은 생산성

'하루에 얼마나 공부시켜야 할까요?' 사립 중학교 입시가 목표인 한 학부모로부터 자주 듣는 질문이다. 그럴 땐 다음과 같은 상황을 떠올려 보면 이해가 빠르다. 업무 시간이 긴데 업무 평가점수가 낮은 직장인의 경우를 생각해보자. 아무리 오래 책상 앞에 앉아있어도 멍하니 있는 시간이 길기 때문에 업무 생산성으로 이어지지 않는다.

남자아이도 마찬가지로 공부 시간을 늘리는 것보다는 생산성을 향상시키기 위한 관리가 필요하다. 그런데 열정적인 아빠들이 여전히 많아 '내가 네 나이 때는 매일 5시간 공부했어'라며 총 공부시간을 강조한다. 물론 공부에 대한 열의도 필요하지만 더 중요한 것은 할 수 있는지 여부다. 할 수 있는 가짓수를 늘려나갈수록 합격에 가까워지기 때문이다.

그렇다면 같은 10문제를 푸는 데 1시간이 걸리는 것보다 30분만 걸린다면 당연히 효과적이다. 나머지 30분을 다른 문제를 푸는 데 쓸 수 있기 때문이다. 많은 시간 투자보다 주어진 시간 안의 생산성이 중요하다는 것을 어릴 때 깨닫게 해주는 것이 중요하다. 시험 시간이 제한된 사립 중학교 입시뿐만 아니라 사회인이 된 후에도 생산성은 필요하기 때문이다. 따라서 타이머나 스톱워치로 시간을 재며 짧은 시간 안에 최대한 힘을 내뿜는 경험이 필요하다.

남자아이는
거실에서 공부하게 한다

　남자아이는 지켜보지 않으면 좋아하는 것만 한다. 자신이 잘하는 과목만 공부하는 것이 남자아이지만 사립 중학교 입시에서는 모든 과목에서 고득점을 올려야 하므로 부모의 눈길이 미치는 거실에서 공부하게 하자.

　사실 여자아이는 초등 고학년이 되면 자아의식이 싹터 자신만의 세계를 원하므로 거실에서의 공부는 부적합하다. 하지만 남자아이는 정신적으로 아직 어려 부모에게 의지하고 싶어하므로 거실에서 공부하는 데 저항감이 없다. 오히려 가족들이 있어 안심하고 공부할 수 있다. 거실 공부의 또 다른 장점은 공부 태도를 부모가 체크할 수 있다는 점이다. 이리저리 발을 흔드는지, 지우개 가루로 책상을 어질러 놓고 태연한지도 살펴보자.

예습은 그만두고
복습에 시간을 투자한다

　예습과 복습은 세트로 여겨지는데 전혀 다른 성질이다. 초등학생에게 예습은 불필요하다고 나는 생각한다. 배운 것을 확인하는 복습과 달리 자신의 방식으로 미지의 것을 해석하는 작업인 예습은 초등학생에게는 매우 어렵기 때문이다.

　더구나 해석이 맞다고 장담할 수도 없어 틀린 것을 외울 가능성도 있다. 그러므로 예습은 그만두고 소중한 시간을 복습에 돌리자. 그런데 복습시간도 점점 줄어드는 상황이니 학교와 학원까지 포함해 수업시간에 배운 것은 수업 중에 이해해 체득하는 것이 생산성이 가장 높다. 단, 팔방 재주꾼이 아니라면 간단한 일이 아니다. 평범한 아이는 효율적인 복습 방법에 대한 고민이 중요하다.

　복습의 목적은 수업시간에 이해하지 못했거나 애매한 내용을 확실히 이해하는 것이다. 복습을 등한시해 이해하지 못한 부분을 방치하면 다음 수업 시간에 더 이해할 수 없게 된다. 복습을 잘하지 못하는 아이라면 옆에서 함께 생각하고 알려주어 '아! 그렇구나. 이제 확실히 알겠다!'라며 고개를 끄덕이게 해주자. 모르는 것을 꼭꼭 씹어 확실히 알게 해주는 복습을 반복하면 팔방 재주꾼처럼 수업시간 안에 체득까지 끝내게 된다.

가성비가 낮은 과목에 집착하지 않는다

: 싫어하는 과목 극복보다 합격 전략이 핵심

지망하는 사립 중학교에 합격하려면 커트라인에 들어갈 점수를 얻어야 하므로 4개 과목 시험을 치른다면 시간을 조금이라도 효율적으로 배분해 공부해야 한다.

비즈니스도 마찬가지다. 단순히 4가지 제품 판매로 순이익을 겨룰 때 원가가 저렴한 것, 마케팅하기 쉬운 것처럼 특성을 고려해 조금이라도 가성비가 높게 판매하겠다고 생각할 것이다. 마찬가지로 아이의 입학시험에서도 가성비를 고려해야 한다. 그런데 아이의 공부에서는 가성비 결정요소가 매일 바뀐다. 좋아하는 수학 점수가 더 오르거나 싫어하는 국어 점수가 조금씩 나아질 때도 있으니 말이다.

이처럼 아이의 상황에 맞추어 합계 최고점수가 나올 방법을 연구해야 한디. 핵심은 싫어하는 과목 극복보다 합격 전략이다.

성적이 오르지 않으면
4개 과목을 모두 시키지 않는다
: 슬럼프 극복 방법, 1점 돌파하기

    모든 남자아이와 여자아이들은 성적이 오르지 않아 고민할 때가 있다. 이때 부모와 아이는 초조하지만 이 시기를 잘 이용하면 이후 성적을 많이 높일 수 있다. 성적이 오르지 않아 고민일 때는 전 과목을 공부하면 안 된다. 한 과목에만 집중해야 한다.

    4개 과목을 공부했는데 아무것도 성적이 오르지 않으면 아이는 '뭘 해도 안 올라. 더 이상 안 돼.'라며 자신감을 잃는다. 실제로 4개 과목을 모두 하면 한 과목에 투입할 수 있는 시간이 제한되므로 열심히 공부한 것치곤 기대한 결과가 나오지 않는 경우가 많다. 반면, 한 과목에만 집중하면 대부분 성적이 오른다. 그것을 보고 '어, 되네!'라고 생각하는 것이 아이다운 발상이다.

특히 남자아이는 금방 이런 기분을 느낀다. 한 과목이라도 성적이 오르면 그 과목을 기준으로 자신이 ○○중학교에 갈 수 있을 것 같다고 직접 말하기도 한다.

그때 "그래, ○○중학교 말이지? 요즘 같으면 정말 갈 수 있겠네. 그럼 국어, 사회도 이 수준까지 열심히 해볼까?"라고 옆에서 응원해주면 더 의욕이 생겨 못했던 과목도 기세등등하게 공부할 것이다. 그러므로 성적이 오르지 않아 고민일 때는 전 과목을 공부시키지 말고 좋아하는 과목이나 성적이 가장 많이 오를 것 같은 과목만 철저히 공부시키자.

You can do it

제7장

성적이 오르는 남자아이 부모의 26가지 습관

: 합격한 아이 부모가 공통적으로 실천하는 감탄 육아 규칙

남자아이의 학습 능력은 부모의 습관으로 결정된다. 부모의 의도대로 잘되지 않는 남자아이를 칭찬하거나 꾸중해가며 공부할 마음이 들고 좋아하게 만들기도 한다. 공부뿐만 아니라 자신감과 자립심을 키우고 사회 진출 후에도 좌절하지 않는 굳건한 마음을 갖게 하려면 어떡해야 할까?

이번 장에서는 남자아이를 위해 지금 당장 부모가 실천할 수 있는 모든 것을 망라했다.

모르겠다고 솔직히 말할 수 있는 환경을 만든다

기본적으로 공부는 혼자 하는 것이지만 초등학생이 혼자 하는 공부를 더 효율적으로 하려면 부모와 자녀의 커뮤니케이션이 필요하다. 자신이 아는 것이나 모르는 것을 자녀가 부모에게 확실히 표현하지 않으면 헛수고가 될 노력을 계속할 가능성이 있기 때문이다.

특히 남들보다 앞서고 싶어하는 뇌를 가진 남자아이는 모르는 것도 안다고 우기는 경향이 있다. 하지만 모르는 상태로 있으면 당연히 공부가 즐겁지 않을 테니 모르겠다고 솔직히 표현하는 환경이 중요하다. 아빠가 말수가 적고 위압적이라면 남자아이는 아무것도 말할 수 없게 된다. 회사에도 물어보고 싶은 것이 있지만 다가가기 힘든 상사가 있지 않은가. 이런 불통 환경을 하루빨리 바꾸어야 한다.

부모도 열심히 살고 있다는
것을 보여준다

우리 세대가 초등학생이던 시절은 현재보다 훨씬 천진난만하게 놀았지만 요즘 아이들은 그렇지 못하다. 게다가 사립 중학교 입시라도 치르게 되면 나름대로 큰 스트레스와 싸우고 있음을 부모가 먼저 이해해야 한다.

이것이 이해되면 남자아이가 거실에서 공부할 때 만취한 술주정은 못할 것이다. 아무리 회사 일이 중요해도 마시고 싶지 않은 술을 마시지 않으면 안 될 고객 접대도 아이와 상관없는 일이다. 지금 눈앞 부모의 모습이 전부이기 때문이다.

주말에 주택가 카페에 가보면 공부하는 아이들을 자주 볼 수 있다. 그들 옆에서는 대부분 아빠들도 노트북을 펼치고 업무를 보고 있다. 장담컨대 아빠는 피곤해 집에서 자고 싶을 것이다. 하지만 아빠가 눈앞에서 멋진 모습으로 업무를 보며 함께 있어 주면 아이도 기뻐 자신도 커서 저렇게 되고 싶다고 생각하지 않을까.

의사의 자녀가 의사가 될 확률이 높은 것은 두뇌나 재력보다 정성 껏 환자를 치료해주는 아빠의 참된 모습을 보고 우러난 존경심 덕분이 다. 남자아이에게 아빠는 가장 가까운 목표다.

최소한 사립 중학교 입시가 끝날 때까지는 '아빠처럼 되고 싶어. 그러니 열심히 공부해야지.'라고 생각할 수 있는 존재로 있어 주길 바란 다. 부모의 학력이나 직업 등은 상관 없다. 부모의 자세가 문제다. 부모 가 도쿄대 졸업생이어서 좋은 것이 아니라 고졸이더라도 아이가 본받 고 따르고 싶어하는 모습을 보여주는가가 중요하다. 자신은 부모답지 못하면서 아이에게만 열심히 하라는 독려는 어불성설이다.

아이와 경쟁적으로 책을 읽는다
: 가정에 독서습관이 없으면 아이도 책을 전혀 읽지 않는다

독서 행위는 스스로 문자를 따라가며 스토리를 이해하는 고도의 작업이자 모든 배움의 기초다. 독서습관은 사립 중학교 입시는 물론 긴 인생에서 매우 중요한 가치가 있다. 남자아이가 독서를 좋아하는 경우는 드물지만 부모가 책을 읽으면 남자아이도 독서하게 된다. 콩 심은 데 콩 나고 팥 심은 데 팥 나는 것이다.

실제로 부모에게 독서습관이 없으면 남자아이도 책을 읽지 않는 경향이 데이터로도 나와 있다. 그러니 부모는 책 읽는 모습을 아이에게 좀 더 많이 보여주길 바란다. 엄마, 아빠가 책을 읽고 감상을 서로 주고받으면 아이도 끼고 싶어 책을 읽기 시작한다. 그러므로 책을 읽은 후 부모와 자녀가 자신의 생각이나 느낌을 제한 없이 자유롭게 표현하는 과정은 매우 중요하다.

"이번 주는 몇 권 읽었어?"

"이 책을 사흘 만에 읽었어."

이렇게 가족들끼리 경쟁하며 읽는 것도 좋은 방법이다.

아이의 '왜요?'를 놓치지 말고 함께 생각한다

: 몰랐던 것을 아는 것이 아이의 최대 행복

TV 뉴스를 보고만 있어도 아이의 마음속에는 점점 '왜?'가 생긴다.

"일식은 왜 일어나?"
"왜 이스라엘에서 싸우고 있어?"

부모는 아무리 바빠도 아이의 '왜?'를 무심코 넘기지 말고 꽉 붙잡아 함께 생각해주길 바란다. 이때 핵심은 부모가 이미 그 이유를 알아 ○○ 때문이라고 단정적으로 말해 끝내지 말고 일부러라도 함께 조사해보는 것이다. 그럼 아이는 더 즐겁게 학습할 수 있다. 곧바로 인터넷에서 찾아보지 말고 지구본, 지도, 도감 등을 준비해두면 좋을 것이다.

한편, 부모가 그 이유를 몰라도 적당히 얼버무리지 않는 것이 중요하다. 잘 모른다면 "아빠도 모르겠네. 함께 알아보자."라고 말하면 된다. 부모가 모른다는 것을 아는 것은 아이에게는 부모를 이겼다는 최대 기쁨이기도 하다. 또한 관심 범위를 다양하게 넓힐 기회이기도 하다. 부모도 아이의 호기심을 불러일으킬 만한 질문을 던져보자.

"올해는 사과값이 왜 비싼지 알아?"
"미국에서는 왜 보통 사람도 총을 갖고 있다고 생각해?"

이 책을 읽고 있는 당신도 이런 다양한 질문을 아이에게 던지길 바란다. 당연하지만 아이가 궁금증과 관심을 가질 만한 수준에서 해야 한다. 너무 어려운 질문을 하면 아이는 흥미를 전혀 못 느낀다. "재무성은 서류를 왜 불법적으로 고쳤을까?" 이런 질문에 아이는 관심이 전혀 없고 부모가 친절히 설명해주더라도 이해하지 못할 것이다. 부모의 자기만족으로 끝나지 않도록 아이가 잘 따라오는지 항상 확인하길 바란다.

스포츠 원리로
남자아이의 집중력을 키워준다

　침착하지도 않고 집중력도 지속되지 않는 남자아이에게 공부습관을 들이려면 공부하라고 갑자기 지시하지 말고 스포츠부터 시작하라. 스포츠에는 성적과 승부가 있기 마련이고 노력한 만큼 실력이 오르고 열심히 하면 주변으로부터 응원과 칭찬을 받는 등 공부와 공통적인 요소가 매우 많다. 스포츠를 통해 이 원리를 체감하면 공부하는 것이 좋은 이유를 남자아이 스스로 깨닫는다.

　실제로 스포츠에 열중했던 경험이 있는 남자아이는 남들보다 일찍 공부에도 집중하는 경향이 있다. 스포츠를 잘하지 못하면 장기, 바둑과 같은 두뇌 스포츠도 좋다. 핵심은 남자아이가 푹 빠져 몰입할 수 있는지 여부다.

엄마가 혼내고
아빠가 칭찬해주면 효과적이다

: 누구보다 현실을 잘 알고 있는 엄마, 항상 라이벌인 아빠

　남자아이를 혼내는 것은 아빠라고 여기는 부모님이 많은 것 같은데 초등학생 남자아이에게는 맞지 않는 말이다. 그들에게 존경의 대상이자 목표이자 라이벌인 아빠로부터 부정당하면 매우 움츠러든다.

　나는 상담 때 부모님들에게 "성적으로 혼내는 것은 학원이 하는 일이고 평소 생활 태도에 대한 꾸중은 엄마가 하시고 아빠는 칭찬하는 역할을 해주십시오."라고 말한다.

　맞벌이해도 대부분 엄마가 아이와 긴 시간을 보내므로 아빠보다 '아이의 사정'을 잘 안다. 한 주 공부 진도가 나가지 못해도 "이번 주는 유달리 많은 숙제를 하느라 시간이 부족했구나."라고 이해해준다.

　반대로 이런 사정을 잘 아니 "이번 주는 시간이 있었는데 이러면 안 되잖아?"라는 지적을 받으면 설득력도 생기고 남자아이도 받아들이지 않을 수 없다. 남자아이의 감정을 상하게 하지 않는 범위 내에서 아이가 납득할 만한 객관적인 논리를 엄마가 제시하는 것이 중요하다.

끈질기게
반복적으로 꾸중한다

원래 남자아이는 무조건 엄마를 좋아하므로 평소 엄마는 부드럽고 친절한 존재로 지내다가 아이의 바람직하지 않은 상태를 알게 된 후 "이러면 안 되지."라고 꾸중한다면 최상이지만 내가 아무리 이런 말을 해도 이 세상 엄마들은 다음과 같이 반박할 것이다.

"그걸로 끝나면 무슨 걱정이 있겠어요?"

남자아이는 꾸중을 받으면 일시적으로 반성하지만 그 효과는 오래 못 가므로 '여러 번 끈질기게' 말할 수밖에 없다. 남자아이의 그런 행태는 악의가 아니라 망각 때문이다. 잊어버린 상대방에게는 똑같은 말을 반복할 수밖에 없다. 그런 상황에 대해 짜증내지 말고 그러려니 마음을 접고 냉정하고 우직하게 차례차례 계속 말해주길 바란다.

단, 우직하게 차례차례 말하는 것과 후다닥 말해버리는 것은 다르다. 감정적으로 후다닥 내뱉는 엄마의 꾸중을 남자아이는 들으려고 하지 않으니 항상 '우직하게 차례차례'를 염두에 두길 바란다.

아빠의 직장 부하로
삼지 않는다

　아직 초등학생인 남자아이에게 이치를 대가며 따지지 말자. 입 밖에 말하지 않아도 남자아이는 내심 '내 사정도 잘 모르면서.'라며 원망과 반발심만 가질 뿐이다. 부모와 자녀의 유대감은 매우 중요하다. 유대감을 갖기 위해서는 평소 잘 교감하는 태도가 필요하다. 사회적 상호작용이 자녀의 잠재력 발달에 지대한 영향을 미친다. 교감하는 부모가 되기 위해서는 먼저 무엇부터 해야 할까? 참을 인 세 번, 자녀의 말에 귀를 기울여야 한다. 그리고 아이에게 질문하고 일관된 태도를 유지하는 것이 필요하다.

　한 아빠는 아들이 약속했던 학습계획을 지키지 못하자 엑셀 표를 가리키며 달성률이 70%도 안 되었다며 꾸중했다고 한다. 하지만 상대방은 회사 부하 직원이 아니다. 사립 중학교 입시 공부를 하는 남자아이의 아빠는 대부분 중간관리직 세대다. 일을 못하는 부하직원과 어린 자녀를 동일시해 "너 그러다 ○○처럼 된다. 그 녀석은 회사에서 쓸모없는 녀석이야."라고 말하기도 한다. 아이를 아이로 보지 않는 것이다.

남자아이에 대해 완벽히 관리하겠다면 한눈 팔지 말고 100% 아이만 직시해야 한다. 입시가 끝날 때까지 매일 야근을 각오해야 할 텐데 그것이 가능하겠는가?

남자아이가 전혀 공감하지 못하는 말

: 정신론이 아닌 합리적 이유를 설명해준다

남자아이와 여자아이를 꾸중할 때 절대 금물인 몇 가지 말이 있다. 그 필두는 '내가 너만할 때는…'이다. 이 말을 듣자마자 아이는 '아, 또 그 말씀이세요? 시대가 변했어요, 아빠.'라는 듯한 찡그린 표정을 짓는다. 아빠의 이런 말로 분위기가 냉각되는 것은 당연하다.

오히려 아빠는 "이 녀석, 그 태도가 뭐야?"라며 더 화를 내는 터무니없는 사태가 벌어진다. "다 너를 위해 하는 말이야."라는 말도 전혀 통하지 않는다. '정말 저를 위해서라면 화나 내지 마세요.'라는 아이의 말이 더 이치에 맞다. 요즘 아이들에게 기성세대가 자란 시대의 얘기를 꺼내봤자 소용없다.

핵심은 꾸중하는 속뜻을 얼마나 잘 전달하는가다. 나도 학원에서 아이들을 꾸중하지만 "○○야! 이거 오늘까지 끝내서 오겠다던 약속 어졌지? 그래서 꾸중하는 거야."라며 꾸중하는 이유를 구체적으로 말해준다. 약속 위반이나 지각은 아이도 이해하기 쉬운 이유다. 도덕심에 호소하거나 아이의 기분을 부정하지 말고 합리적으로 이해하기 쉬운 이유를 전달하자.

남자아이는 20% 칭찬해주고 80% 꾸중한다

　남자아이는 꾸중받은 사실을 금방 잊지만 칭찬을 받으면 기뻐 어쩔 줄 모른다. 즉, 꾸중효과와 칭찬효과는 극단적으로 다르니 그 비율을 바꾸어야 한다. 내 경험상 칭찬 20%, 꾸중 80%가 적당하다. 요즘은 칭찬으로 능력이 향상된다는 말이 유행인데 초등학생 남자아이는 회사 부하 직원과 다르다.

　칭찬을 받으면 기분이 너무 좋아 그 일만 계속 반복하거나 해야 할 일을 지나칠 때도 있다. 게다가 무엇보다 침착성이라곤 전혀 없는 남자아이를 꾸중해야 할 때가 너무 많다. 꾸중한 만큼 똑같이 칭찬하려고 해도 애당초 무리다. 자식에 대한 꾸중이 칭찬보다 많아도 전혀 걱정하지 않아도 될 것이다.

240

남자아이에게 가장 효과적인 칭찬법

: 비꼼은 남자아이를 가장 동요시킨다

꾸중을 받았는데도 금방 잊기 때문에 다시 꾸중을 받는 것이다. 이 패턴을 반복하는 남자아이는 꾸중받는 데 익숙하다. 인간은 익숙한 것에는 꿈쩍하지도 않는다.

반면, 남자아이는 칭찬받는 데 익숙하지 않으므로 가끔 필요 이상으로 칭찬해주는 방법을 써보자. 나도 남학생에게 자주 그렇게 한다. "이런, ○○아, 숙제를 해오지 않아도 틀림없이 합격한다고 생각해서 안 하는 거지? 역시 너는 달라. ○○에게 이렇게 간단한 숙제를 내서 미안한데."라고 매우 불편한 말을 하는 것이다. 무시도 효과적이다.

"아, 이번에도 숙제를 해오지 않았네. 괜찮아. 이젠 할 말도 없다." 남자아이는 엄마가 싸준 도시락에 자주 불평하곤 한다. 그때 "엄마가 얼마나 고생했는지 몰라?"라며 소나기처럼 퍼붓지 말고 "아, 그래? 미

안. 생각이 안 맞는구나. 이제는 도시락 안 싸줄게."라며 무시하면 남사
아이의 태도가 확 바뀔 때가 있다. 필요 이상의 칭찬과 무시는 남자아
이에게 매우 효과적이다.

우울해할 때는
우쭐해질 때까지 치켜세워준다

　여자아이와 달리 남자아이는 침울할 때가 거의 없다. 정말 침울한
모습을 보인다면 큰 적신호다. 방치하면 위험하다. 이때는 우쭐해질 때
까지 칭찬을 거듭하길 바란다. 칭찬해주는 이유는 뭐든지 상관없다.

　"정말 7시에 일어났다면서? 대단한데!"
　"자기가 먹은 접시를 씻었네. 고마워"
　"와! 신발들이 가지런히 정돈되어 있네. 감동했다."

　공부와 관련 없어도 상관없다. 또 평소 잘하는 것도 새삼스레 칭찬
해주어도 좋다. 어쨌든 뭔가 찾아내 필요 이상으로 칭찬해주자.

남자아이에게 아빠는
최고의 내 편이다

아이를 학원에 데리러 나오는 것은 대부분 엄마다. 귀가하는 차 안에서도 엄마는 이런저런 세세한 것을 물어본다.

"오늘 공부한 프린트물 빨리 꺼내 봐."
"아, 됐어. 나중에."

남자아이는 이런 말들을 너무 싫어한다. 아빠는 평소 학원에 거의 오지 않으니 '아, 오늘은 아빠가 오시는 날이다!'라는 생각만으로도 남자아이는 기분이 좋아진다. 이때 아빠는 남자아이 편이 되어 주자. "엄마에게는 비밀로 하고 우리 라면 먹고 갈까?" 둘만의 시간이 거의 없던 아빠와 갖는 비밀의 시간만으로도 남자아이의 기분은 단숨에 좋아진다. 엄마 입장에서는 아빠만 착한 역할을 한다고 눈을 흘길지도 모르는 역할 분담이다. 다소 파격적일지도 모르지만 아빠가 연차휴가를 내 자녀와 단둘이 배낭여행을 떠나보는 것도 신선한 효과가 있다. 아이는 아빠를 여행의 동행자로서 아빠를 배려하고 가진 것에 감사하며 뭔가를 포기할 줄도 알게 된다.

일상생활에
경쟁을 집어넣는다

과거에는 한 가정에 아이가 많아 저녁식사 때 반찬도 형제가 경쟁하며 먹곤 했지만 요즘 아이들은 그렇지 않다. 게다가 외동이라면 무엇을 하든 가정에서의 경쟁은 전혀 없다. 학교에서도 경쟁할 기회가 줄고 있지만 사립 중학교 입시는 경쟁 그 자체다.

합격은 경쟁에서 승리한다는 뜻이다. 또한 사회 진출 후에도 특히 남자아이에게 경쟁은 피할 수 없다. 그 경쟁에 적응하지 못해 탈락하는 젊은이가 실제로 많다. 선악을 떠나 경쟁사회에서 사는 한, 경쟁으로부터 절대로 도망갈 수 없다는 의미일 것이다.

오늘날 아이들 인구가 줄고 있어 대학도 어디든 상관없으면 들어갈 수 있고 기업도 인재부족에 골머리를 앓아 어디든 좋다면 취업할 수는 있다. 하지만 경쟁을 피해 얻는 것은 고만고만할 뿐이다.

246

결국 경쟁에서 승리하고 싶어하는 사람이 다양한 의미에서의 좋은 생활을 손에 넣는다. 역시 경쟁은 필요하다. 그렇다면 평소 우리 아이가 경쟁에 익숙해지는 것이 좋을 것이다. 패해 분하다는 생각이 필수다.

아이가 배우는 것 중 하나로 스포츠를 넣길 권한다. 스포츠는 승패를 직접 체험할 수 있다. 가정에서도 다양한 경쟁 기회를 늘리자. 트럼프 게임, 장기, 공원 달리기 시합, 가로세로 연산도 좋다. 게임하듯 부모와 자식이 겨루어보길 바란다. 승패에 집중한 나머지 아이의 입에서 "와! 해냈다.", "으악! 분하다."라는 감탄사가 터지면 된다.

라이벌 의식을 부추겨
자존심을 살살 건드린다

　주변 아이들의 이름을 빌려 라이벌 의식을 부추기는 것도 가끔 필요하다. "이런, ○○에게 지고 있잖아? 네가 더 위 아니었니?" 이렇게 남자아이 특유의 자존심을 살살 건드리는 것이다.

　단, 자존심을 아무리 건드려도 타인과의 경쟁을 싫어하는 초식계 남자들이 늘고 있어 이때는 자신을 라이벌로 삼아도 좋다. 축구 경기에서도 전에는 ○○을 떨어뜨려 그 포지션을 자신이 차지하겠다며 노력하는 선수가 많았는데 요즘은 대부분 ○○ 대표로 선발되고 싶다고 말한다. 그러기 위해 자신이 열심히 하면 된다는 마인드다.

　이처럼 자신을 라이벌 삼아 절대적 노력을 시키는 것이 오늘날 아이들에게 익숙할 수도 있다.

걸맞지 않음을
지향하게 한다

남자아이는 여자아이처럼 사물 거리감각이 떨어진다. 내가 지도자로 일정 부분 담당하는 축구를 예로 들면 남자아이는 일본 대표선수와 지역 클럽 멤버의 실력차를 잘 몰라 자신도 프로구단에 입단할 수 있다고 오판한다. 사립 중학교 입시도 마찬가지여서 자신에게 가능한 학교 수준을 파악하지 못한다. 높은 목표를 설정해야 아이가 성장하기 쉽다.

1km 앞과 30km 앞의 차이를 모를 때 30km를 목표로 달리면 10km까지는 달릴 수 있지만 1km를 목표로 했다면 거기서 끝날 것이다. 현실적인 여자아이의 경우, 10km밖에 달릴 수 없는 아이에게 30km를 목표로 잡자고 말하면 억지로 시키려고 한다며 기겁할 것이다. 그래서 남사아이는 성장하기 쉽다.

남자아이는 복수하는 데 서툴다

: 자존심 상한 아이에게 정신론은 상처에 소금 뿌리는 것과 같다

복수가 효과적인 것은 남자아이일까 여자아이일까? 정답은 여자아이다. 학원 봄학기 강의가 끝났을 때 여자아이는 아직 수학 실력이 부족하고 과학은 전혀 안 되고 있다며 다음에 해야 할 것을 이미 파악하고 있다.

반면, 남자아이는 드디어 끝났다며 성취감에 푹 빠져 내용을 돌아보려고 하지도 않는다. 그리고 남자아이는 실패해 상처받으면 복수하고 싶지 않다는 생각이 작동하는 것 같다. 사립 초등학교 입학에 실패한 경험으로 같은 중학교 입시에 재도전하거나 더 어렵다는 곳에 합격하고야 말겠다는 의욕을 불태우는 것은 대부분 여자아이다.

남자아이는 '아, ○○초등학교? 떨어진 것 같은데 벌써 잊었어.'라며 굳이 기억하려고 들지도 않는다. 이런 남자아이에게 아빠가 "너는 분하지도 않니?"라고 말하면 거절만 돌아올 뿐이다. 남자아이의 경우, 자신이 아깝다고 느끼는 것과 주변에서 '네가 아깝지도 않니?'라는 말을 듣는 것은 큰 차이가 있다.

　남자아이에게 복수를 기대하려면 다른 방법을 선택하길 바란다. 과학 점수가 낮아 침울한 남자아이에게 다음 시험에서 2배 오른 점수를 보여달라고 기합을 넣는 것이 아니라 잘하는 과목에서 복수하게 만드는 것이다. 또는 스포츠에서 복수를 유도하는 것도 좋다. 경쟁심만 다시 솟으면 되니 소재는 뭐든 상관없다는 뜻이다.

배가 부르면
자발적 욕구가 생기지 않는다

입시 경쟁에서 승리하려면 '상관없다'라는 무기력은 금물이다. 어린 시절부터 무기력했다가 어른이 되어 사회에 진출한 후에도 특별히 하고 싶은 것이 없는 매우 괴로운 상황에 처할 수도 있다.

하지만 오늘날 아이들은 너무 바빠 매일 스케줄 소화에 전력을 다해야 하는 형국이다. ○○ 하고 싶다는 자발적 욕구를 가질 여유가 없다. 특히 맞벌이 가정은 외벌이 가정과 비교해 아무래도 부모와 아이가 함께 지내는 시간이 적다. 그래서 챙겨주지 못하고 있다는 죄책감에 아이에게 더 많은 용돈을 쥐여주려고 한다. 그 결과, 더 배우고 스포츠도 학원도 더 가라는 모드가 되어 아이는 녹초가 되고 만다. 문무겸비는 물론 이상적이지만 부모가 말한다고 체득되지는 않는다.

남자아이가 공부도 하고 싶고 운동도 하고 싶다는 마음이 들어야 비로소 가능하다. 그리고 ○○하고 싶다는 욕구를 키우려면 놀이가 매우 중요하다. 그런데 오늘날 아이들은 놀아도 된다고 말해주어도 "엄마, 뭘하고 놀아야 돼?"라며 주저한다.

입학시험을 앞두고도 일정을 빽빽하게 짜지 말고 느슨히 해두는 것이 좋을 것이다. 나는 '아이가 너무 배부르게 하지 마세요.'라고 부모님에게 자주 부탁드린다. 아이에게 너무 많이 주는 버릇을 들여 배가 부르면 ○○ 먹고 싶다는 생각이 안 든다. 아이의 자립심을 키워주고 싶다면 과도한 제공은 금물이다.

전에 네덜란드에서 온 축구 지도자의 말에 놀란 적이 있다. "일본 고교생은 축구 동아리 연습을 쉬면 왜 기뻐합니까?" 스스로 동아리 활동으로 축구를 선택했다는 것은 축구를 좋아한다는 말이다. 그 좋아하는 것을 할 수 없는 상황을 왜 기뻐하는지 이상하지 않은가. 사실 일본에서 축구를 배우는 아이들이 늘고 있지만 축구가 좋아서 하는 아이는 줄고 있다. 계속 배우기 위해 '하고 싶다'보다 '쉬고 싶다' 추세가 강해진 것이다. 정말 모르는 것을 배우는 공부도 하고 싶어야 한다. 하지만 너무 많이 주면 아이는 질려버린다. 어른의 업무도 그렇지 않은가? 원래 업무는 재미있는 것인데도 너무 많이 해 이제 지긋지긋하다. 혹시 그것을 아이에게 강요하고 있는지 반성해야 한다.

기대감은 부모의 희망일 뿐이다

: 기대감으로 밀어 붙이기보단 목표를 응원해준다

남자아이의 거실 공부가 효과적인 것은 정신적으로 아직 어리기 때문이다. 단지 가족이 옆에 있고 가끔 자신을 바라보며 "와! 잘하는데!"라며 응원해준다고 느껴 공부가 순조롭게 진행되는 것이다. 이런 응원은 매우 소중하니 기회가 있을 때마다 표현해주는 것이 좋다.

부모의 기대감이 되지 않도록 주의하길 바란다. 사립 중학교 입시가 다가오면 부모는 '○○중학교에 붙으면 얼마나 좋을까!', '더 높은 학교를 목표로 정하면 좋겠다.'라는 마음이 생기는 것은 어쩔 수 없지만 그 마음을 들켜 아이에게 부담을 주면 안 된다. 아직 어린아이일 뿐이기 때문이다. 그들은 어리기 때문에 부모의 기대감에 괴로워도 자신의 감정을 표현할 능력이 없다. 그런데도 부모가 더 밀어붙인다면 어느 순간 부모와 자식의 힘이 역전되어 거센 반항으로 되돌아온다.

이렇게 남자아이에게 지나친 기대감을 갖는 것은 아빠보다 엄마들이 많다. 아빠는 남자아이와 똑같이 근거 없는 자신감이 있어 내 자식이니까 괜찮다고 마음대로 생각하므로 별로 기대감을 내색하지 않는다. 반대로 아빠가 기대감을 밀어붙인다면 남자아이는 엄청난 압박을 느낀다. 지망 중학교는 최종적으로 남자아이 자신이 결정해야 한다는 진리를 절대로 잊지 않길 바란다.

학원을
스스로 오가게 한다

　대부분 우수한 비즈니스맨의 모습으로 출·퇴근 시간조차 멍하니 앉아 있지 않고 어학이나 자격시험을 공부하는 이미지를 떠올릴 것이다. 나도 그런 사람을 몇 번 본 적이 있다. 솔직히 머리속에 들어가기는 하는지 쓸데없는 걱정도 했다.

　'일과를 끝냈으니 피곤할 텐데 바로 공부라니? 지하철에서만이라도 멍하니 있으면 좋을 텐데.'라고 생각한 것이다. 나는 아이들이 학원을 오갈 때도 멍하니 있거나 가끔 아이들과 수다를 떨면 좋겠다고 생각한다. 그렇게 긴장을 풀 시간이 없다면 아이는 부러지고 만다. 교재만 보고 있으면 어떻게든 머리속에 들어올 것이라고 기대하지 말길 바란다.

　아이의 심신에 기력이 다하면 아무리 공부해도 머리속에 들어오지 않는다. 아이가 너무 지쳐 부러지지 않도록 작은 자유시간만이라도 남겨주어야 한다. 자유시간은 아이들의 월급과 같다. 아이들이 설령 공부를 부족하게 했더라도 이미 약속한 자유시간을 모두 주는 것이 좋다. 그럼 엄마, 아빠의 말에 저절로 힘이 실리고 아이는 점점 더 충실해진다.

잠들기 전에 잘하는 문제를 복습시킨다
: 하루의 끝에 자기 긍정감을 갖게 한다

사립 중학교 입시일이 다가오면 이런 잠꼬대를 하는 아이가 늘어
난다고 한다.

"미안, 아직 안 끝났어."
"어떡하지? 시간이 부족해."

이런저런 처방을 해도 어느 아이든 스트레스가 쌓여 있기 때문이
다. 어른이라면 잠시 맥주 한 잔으로 해소될 수 있지만 아이는 그럴 수
없으니 다른 방법으로 하루를 기분 좋게 마치게 해야 한다.

구체적으로 자기 전 아이가 잘하는 문제를 복습시키자. 일과가 끝
났을 때 오늘은 공부가 잘되었다며 깊은 자신감을 안고 잠자리에 들면

자기 긍정감이 높아지고 긍정적으로 다음 날을 시작할 수 있다. 반대로 '오늘은 잘 안 되었네.'라고 푸념하며 하루를 끝내면 점점 부정적인 성격이 된다. 아이의 취침 전 공부에도 신경쓰자.

금방 손을 내밀지 않는다

: 작은 실패의 경험은 꺾이지 않는 정신력을 만들어준다

요즘 초등학생 남자아이는 워낙 여리고 헝그리 정신도 부족하지만 어차피 치러야 할 치열한 경쟁 시기가 다가오므로 남자아이라면 시행착오를 일찍 경험시켜야 한다. 시행착오에도 요령이 있다. 도저히 재기할 수 없을 것 같은 큰 실패가 아니라 돌부리에 걸려 넘어질 정도로 작아야 하고 부모가 금방 손을 내밀지 않는 것이다.

열심히 하면 스스로 일어설 수 있다는 시행착오를 몇 번 경험하면 남자아이는 꺾이지 않는 강한 정신력을 체득하게 된다. 물론 다시 일어설 수 있는 수준은 아이마다 다르다. 재기가 불가능한 실패를 주면 안된다는 점을 특히 아빠가 유념하길 바란다. 남자아이를 잘 키우는 부모는 대부분 그 수준을 정확히 파악하고 있다.

중요한 순간에는 아빠가 나선다
: 합격하는 아이의 아빠는 자신의 역할을 알고 있다

남자중학교 입학시험 당일의 광경을 바라보면 가이세와 아자부 등 어렵다는 학교일수록 시험 장소까지 나온 아빠들이 많다. 회사에 월차휴가를 내고서라도 자신의 역할을 다하는 것이다.

물론 엄마도 걱정한다. 단지 역할 분담 때문에 남자아이의 바로 이 순간에 아빠가 나오는 것이라고 생각한다. 이처럼 아빠가 자신의 역할을 잘 아는 가정의 아이는 대개 공부도 잘 한다. 평소 엄마에게서 느낄 수 있는 상냥함을 좋아하는 남자아이도 특별한 날 아빠가 와주면 든든하게 생각한다.

그러므로 남자아이가 큰 실패를 경험했을 때가 바로 아빠가 나설 타이밍이다. 남자끼리 앉아 차분히 이야기를 들어주자. 그리고 "아직 네가 어려 잘 몰라 그렇지, 아빠도 많이 실패해봤어. 봐! 그래도 괜찮잖

아"라고 위로해주자. 이런 감정 코칭은 그 어떤 교육보다 중요하다. 감
정적 금수저로 키워야 건강한 정신을 가진 아이로 자랄 수 있다.

49의 실패로 51의 성공을 손에 넣는다

: 부러지지 않도록 실패와 성공 체험의 균형을 조절한다

과거에는 남자는 실패해봐야 성장한다는 말이 있었다. 그래서 부모 세대는 아들에게 성공보다 실패를 많이 경험시키자고 생각하기 쉽다. 지금까지 설명했듯이 실패 체험은 성장 과정에서 필요하다.

기업에서 근무하는 도쿄대 출신들을 보면 지방 공립학교에서 도쿄대에 들어온 유형과 유명 고교에 진학해 도쿄대에 들어온 유형 중 후자가 비즈니스맨으로 더 우수하다고 한다. 적어도 지방에서 신동으로 불린 아이는 진학한 학교에서 엄청난 경쟁을 겪은 아이보다 패배 경험이 적기 때문일 것이다. 하지만 오늘날 아이들은 실패 경험이 많으면 무너지고 만다. 따라서 실패 49, 성공 51의 비율로 경험을 쌓는 것이 좋을 것이다.

약한 소리를 할 수 있는,
가정 이외의 장소를 마련해준다

부모는 각자 역할 분담을 하고 있지만 어디까지나 남자아이의 응원자다. 그런데 남자아이에게는 응원자 외에 지도자도 필요하다. 좌절했을 때 속마음을 보여주거나 충고를 받을 수 있는, 가정 이외의 장소를 마련해두는 것이 중요하다.

전에는 학교 선생님이 그 역할을 했지만 오늘날은 그런 모습이 약하다. 워낙 아이들이 다양하고 선생님은 그들을 일괄적으로 지도해야 하므로 학생 각자에게 충분한 멘토 역할을 해주지 못하는 상황이다. 이제 나 같은 학원강사나 소년 야구클럽, 축구클럽 코치가 나설 때다. 아이가 그런 조직에 소속되면 지도자를 얻을 뿐만 아니라 같은 목표를 가진 동료와 절차탁마도 하고 승패도 경험하므로 더더욱 남자아이에게 필요하다.

수치화와 페널티를 구분해 사용한다
: 남자아이는 단순하고 이해하기 쉬운 것을 선호한다

　학원 중에 성적순으로 자리를 정하는 곳이 있다. 대부분 테스트에서 고득점일수록 앞자리에 앉고 점수가 가장 낮은 아이는 맨 뒷자리에 앉는다. 여자아이에게 그런 조치를 하면 더 이상 학원에 나오지 않는 경우도 있지만 남자아이는 아무렇지도 않은 듯하다. 맨 뒷자리에 앉는 것을 열심히 하지 않은 데 대한 페널티로 이해하기 때문이다. 열심히 한 녀석이 맨 앞자리에 앉는 것은 당연하다는 명쾌한 결론을 내린다. 단, 패배를 육감적으로 싫어해 실패에서 교훈을 찾을 뿐만 아니라 열심히 하면 자신도 맨 앞자리에 앉을 수 있다고 쉽게 생각한다. 이처럼 남자아이는 게임처럼 수치화된 목표(여기서는 몇 명을 따라잡아야 맨 앞자리에 앉을 수 있는지)와 페널티가 있으면 실패를 긍정적인 방향으로 잘 살릴 수 있다.

오늘도 우리 학원에서 누군가는 물건을 놓고 가고 프린트물을 찢고 큰소리로 떠들어 강사에게 꾸중을 받고 있다. 그 '누군가'는 말할 것도 없이 남자아이다. 부탁한 대로 화장실에 보내주었더니 감감무소식이다. 나가보니 친구와 뭔가 주고받는 데 열중한 나머지 돌아오지도 않는다. 엄격한 강사가 있는 교실인데도 그 정도니 가정에서는 벅찰 것이다. 남자아이를 키우는 엄마, 아빠의 한숨이 여기까지 들리는 것 같다.

하지만 아무리 산만한 남자아이도 이 책에서 말하는 방법대로만 하면 반드시 성장하므로 안심하길 바란다. 거기에 남자아이는 원래 그렇다며 부모가 대범한 자세를 보이면 남자아이의 성장은 더 빨라진다.

단, 부모세대의 그런 법과 요즘 아이들 사이에는 큰 차이가 있음을 인식해야 한다. 잘못하더라도 '남자아이니까 열심히 하겠지.'라고 생각하고 부모세대에 만연했던 근성이나 가치관을 강요하면 안 된다. 다시

266

강조할 필요도 없이 미래세대는 인공지능(AI) 덕분에 눈부신 변화를 이루고 인류문명의 양상도 변할 것이다.

오늘날 아이들은 자신의 10년, 20년 후를 상상할 수 없는 사회를 살아가고 있다. 부모세대처럼 열심히 법을 공부해 변호사가 되어 밥을 먹고 살았던 생계 보장은 전혀 없다. 이런 사회에 적응하고 이길 수 있는 남자아이로 키우려면 부모도 변해야 한다.

자신들의 어린 시절이나 이웃아이와 비교하며 일희일비하는 모습은 그만하자. 눈앞의 아들을 바라보고 믿어주자. '급변하는 사회에서 내 아들은 어떤 재미있는 일을 할까?'라고 신나는 기분으로 대해주길 바란다.

그 남자아이는 부모세대가 꿈에도 생각하지 못한 것을 이룰 가능성의 결정체다. 그런 남자아이를 키우는 과정을 즐기길 바란다.

아이들의 학업 성취와 꿈을 응원하며
토미나가 유스케

남자아이의 학습 능력을
길러주는 방법

초판 1쇄 발행 2019년 11월 13일
초판 2쇄 발행 2019년 11월 18일

지은이	토미나가 유스케
편집인	서진
펴낸곳	북스인이투스

마케팅	구본건 김정현
SNS	이민우
영업	이동진

디자인	강희연

주소	경기도 파주시 회동길 37-9, 1F
대표번호	031-927-9965
팩스	070-7589-0721
전자우편	pearlpub@naver.com
출판신고	제2007-000035호

ISBN	979-11-6442-479-5 04590
	979-11-6442-478-8 (세트)